当·地
营 造

马卫东 著

华中科技大学出版社
http://press.hust.edu.cn
中国·武汉

内容简介

本书作者基于对长期建筑设计实践的系统化梳理和总结，提出了"当·地 营造"这一设计理念。作者从大量的设计实践项目中选择性地介绍了一些设计实例，是对"当·地 营造"这一设计理念不同程度的诠释和体现，以及进一步的阐明。

图书在版编目（CIP）数据

当·地　营造 / 马卫东著. -- 武汉：华中科技大学出版社，2024.7. -- ISBN 978-7-5772 -1038-4

Ⅰ. TU206

中国国家版本馆CIP数据核字第2024FW2311号

当·地　营造
DANG·DI　YINGZAO

马卫东　著

出版发行：华中科技大学出版社（中国·武汉）　　　　电话：(027)81321913
　　　　　武汉市东湖新技术开发区华工科技园　　　　　邮编：430223

策划编辑：易彩萍　　　　　　　　　　　　　　　　美术编辑：张　靖
责任编辑：易彩萍　　　　　　　　　　　　　　　　责任监印：朱　玢

印　　刷：湖北金港彩印有限公司
开　　本：787 mm×1092 mm　1/16
印　　张：15
字　　数：200千字
版　　次：2024年7月第1版第1次印刷
定　　价：268.00元

前　言

建筑作为与我们每个人密切相关的具有文化属性和公共属性的事物，常被称为"石头的史诗"。建筑应该是其所在地区地域文化的反映，同时也应该是时代发展的记录者。

作为一个长期在文化积淀深厚且独特、地理气候及自然环境也比较特殊的地区从事建筑设计工作的建筑师，更需要在建筑设计中积极努力地处理好传统和现代的关系，把握好传承和创新的方法。本书便是笔者基于长期在西藏的设计实践进行的一次系统性梳理和总结。

本书所提出的"当·地　营造"这一设计理念也是对在建筑设计中如何体现地域性和时代性，以及如何处理好传统和现代的关系等问题的一次尝试性解答，其适用范围不局限于某个地区。由于本人水平有限，书中或有许多不当之处，也恳请各位前辈、专家、学者、同仁批评指正。

本书在笔者大量的设计实践项目中选择性地介绍了一些设计实例，不论是已经建成的还是未实施的（其中有不少是在项目方案设计投标中已经中标，但由于多方面原因现在还未实施的设计项目）设计实例，都是对"当·地　营造"这一设计理念不同程度的诠释和体现，以及进一步的阐明，故本书不是通常意义上的作品集。

需要特别说明的是，无论是"当·地　营造"这一设计理念的形成，还是各项设计实践成果，都是我们设计团队集体辛勤付出的结果，凝聚着设计团队每一位成员的汗水和智慧，在此也对各项目设计团队的所有成员表示诚挚的感谢！

希望本书能够引发大家对建筑设计等方面的更多思考。

马卫东

　　1992 年毕业于华南理工大学建筑学专业，获工学学士学位；2011 年毕业于西安建筑科技大学，获工程硕士学位。

　　1992 年至今，在西藏自治区建筑勘察设计院工作，主要从事建筑设计工作，历任助理工程师、建筑师、高级建筑师、总建筑师等职，于 2007—2008 年在西藏自治区建筑勘察设计院广州分院工作。建筑设计作品曾获得省部级等奖项。

　　现任西藏自治区建筑勘察设计院副院长，国家一级注册建筑师、西藏自治区政府特殊津贴专家、高级建筑师，曾兼任西南地区建筑标准委员会委员、西藏大学兼职教授等职。

目　录

第一章

"当·地 营造"理念综述

当——当前、当代、当下、当今、当时……时间概念，以及与之相关的当代的技术、材料等支撑条件，当代公众的社会观念和心理，当代审美特点和当今社会各机构及公众的各方面需求（功能）等与时代关联的各个方面。

地——场地、地域、地点、地区、地理……空间概念，以及与之相关的场地所在地域的历史文化背景、文脉及传统建筑特点、民俗风情、气候及其他条件，场地内的地形、地貌、原有建（构）筑物等现状，场地周边各方面情况及其对场地的影响等与当地相关联的各个方面。

营造——经营建造，即利用当代的科学技术、材料、方法等条件和手段，结合场地所在区域的历史文化背景和文脉特色等人文因素及地理气候情况等自然因素，分析场地和周边相关联区域情况及其影响，同时采取相应对策，并根据当今的功能需求和当代社会及公众的群体心理状况与审美特点，经营设计和建造出符合各方面要求的以现代方式体现当地地域文化神韵及特色的，具有鲜明的地域特色和时代感，且扎根于场地的当代建筑。

一、时代发展对建筑的影响

当代建筑在策划、设计、建造及运营等全生命周期各阶段都需要现代科学技术的支撑，这些科学技术包括建筑结构技术、建筑材料技术、建筑设备技术及绿色建筑技术，乃至当今的数字化信息和人工智能技术等。科学技术的发展，使得新材料、新设备及新的结构形式等都在现代建筑中得到充分使用，也使得现代建筑在大跨度及高空和地下等方面都有所突破。同时信息论、系统论、生态论等理论也被引入现代建筑的策划、设计、建造等过程中。建筑的设计方式正在向数字化方向转变，现在信息技术、虚拟现实等高新技术也越来越多地应用到建筑行业，可以说没有现代科学技术的发展就没有现代建筑。

同时，随着社会的不断进步，传统社会价值观念在现代社会中也发生了巨大的转变。例如，传统的社会价值观念通常以保守和守旧为特点，相对崇尚稳定和安全。然而现代社会的快速发展给人们提供了更多的选择和机会，人们开始追求更多的个人自由、自我表达和探索的权利，人们更加注重个人价值和自主性。现代社会的人们更加关注幸福感和心理感受，注重自我实现。

当代社会公众在审美要求上也有一些共同的特点。审美感受不但是人类心理结构的重要组成部分，而且是人类认识世界的一种非常独特的方式，它区别于感官方式、理性方式和信仰方式，通过有限把握无限，具有鲜明的精神品质和不可或缺的生命价值。虽然审美标准是一个多元化和个体化的概念，因为每个人和每个时代对美的理解及喜好都会有所差异，但是在现代社会中，有一些共同趋势和特征可以用来描述当代公众的审美特点，具体如下。

（1）自然与简约：当代公众更加倾向于追求自然、简约和清新的美感，相对强调简洁、纯净和无过度装饰的设计风格。

（2）科技与创新：当代社会对技术和创新的追求也反映在审美要求中，高科技的产品设计和先进的艺术形式往往能够引起当代公众的兴趣及赞赏。

（3）多样性与包容：随着全球化的发展，现代人对多元文化和多样性的认同及尊重也影响了审美标准。不同种族、文化和艺术形式的交流与融合使得审美标准变得更加多样化和具有包容性。

（4）个性与自我表达：当代公众更加强调个性化和自我表达的美感，注重展示自己的独特性和个性特征，个人品位和创意的体现越来越被重视。

同时随着社会各方面的快速发展，当今社会各机构及公众的需求也越来越多样化。体现在建筑方面，出现了许多如大型商业综合体、机场航站楼、高铁站或火车站、工业厂房等传统社会中没有的具有特定功能的建筑，对于住宅、学校、办公楼等既有功能建筑类型，公众和社会各机构也有了更多新的功能需求。

总之，当代社会在各方面都与传统社会有着较大的区别，这些区别也不可避免地都会体现在建筑上。

二、建筑的地域性

地域文化通常是指特定地域历史悠久、独特的文化传统，也是对特定地域的人类生活产生影响的文化传统，它集生态、习俗、传统、习惯等文明形式于一体。地域是特色文化形成的地理背景，范围可大可小。地域文化既可以是物质的，也可以是非物质的。地域文化的研究也从初始的物质形态研究，延伸至如今的非物质的精神文化与民俗特质研究。地域文化在历史长河的传承过程中经历了无数变更与交替，表现出一定的稳定性与整体性特点，更是特定区域民风与文化的体现。著名社会学家费孝通对文化关系提出"各美其美，美人之美，美美与共，天下大同"，反映出正是地域文化的普遍性、差异性才组成多样化的社会。

以笔者工作、生活的所在地西藏来说，这里拥有源远流长且非常独特和深厚的历史文化底蕴。藏族作为中华民族大家庭中的一员，在与其他民族不断交流和相互吸收与促进的漫长历史中创造和发展了独具特色的灿烂文化。藏族民族文化至今仍然是中华文化和世界文化宝库中一颗璀璨的明珠。

藏族本土文化原本是由位于雅鲁藏布江流域中部雅砻河谷的吐蕃文化和位于青藏高原西部的古象雄文化逐渐交融而形成的。到了公元7世纪松赞干布时期，佛教从中原、印度、尼泊尔传入吐蕃，逐渐形成和发展为独具特色的藏传佛教。与此同时，南亚的印度文化、尼泊尔文化以及西亚的波斯文化、阿拉伯文化等，特别是中原的汉文化，对西藏文化的发展产生了较大的影响。在西藏文化的历史发展过程中，藏族建筑艺术和雕塑、绘画、装饰、工艺美术等造型艺术，以及音乐、舞蹈、戏剧、语言文字、书面文学、民间文学、藏医藏药、天文历算等，均达到了很高的水平。

作为西藏历史文化重要承载者的西藏传统建筑也是历史源远流长、风格独特、丰富多彩的，是生活在雪域高原的西藏人民创造的辉煌文化的重要载体，具有极高的艺术价值。西藏传统建筑的地域特色主要有以下几点。

（1）纯朴、自然、粗犷，与自然环境浑然一体。

西藏传统建筑

（2）因地制宜、就地取材、坚固稳定。

阿里古格王国遗址　　　　　　　墨脱民居

（3）建筑形式多样，富于变化。

日喀则扎什伦布寺

（4）西藏传统建筑是集西藏文化、宗教艺术、装饰艺术等多种内容于一体的综合展现。

装饰艺术

（5）色彩丰富，以大色块为主，艳丽明快、对比强烈。

色彩对比强烈

（6）文化交融，博采众长。勤劳智慧的西藏人民在长期的建筑实践中，不断借鉴和吸收汉族、尼泊尔和印度等不同地区和民族的文化，创造了适合当地情况的建造法式和灿烂的建筑文化。

白居寺　　　　　　　　　　桑耶寺

（7）受宗教文化影响深刻，如寺庙中曼陀罗形制的平面布局、坛城外观样式及建筑装饰等，无不反映了宗教文化的影响。

曼陀罗形制及坛城外观样式

（8）丰富的院落空间。受自然环境等因素的影响，西藏传统建筑具有一定的封闭性，多为合院式布局，拥有丰富的院落空间，在院落尺度、形态、色彩等方面皆有不同于其他地区的特色。

院落空间

对于受到地域文化辐射影响的区域中的城市，特别是具有深厚文化底蕴的城市，"文脉"也具有重要的意义。"文脉"（context）一词从狭义上解释即"一种文化的脉络"。美国人类学家艾尔弗内德·克罗伯和克莱德·克拉柯亨指出："文化是包括各种外显或内隐的行为模式，它借符号之使用而被学到或传授，并构成人类群体的出色成就；文化的基本核心，包括由历史衍生及选择而成的传统观念，尤其是价值观念；文化体系虽可被认为是人类活动的产物，但也可被视为限制人类做进一步活动的因素。"克拉柯亨把"文脉"界定为"历史上所创造的生存的式样系统"。城市是在历史中形成的，从认识历史的角度考察，城市是社会文化的荟萃、建筑精华的聚合、科学技术的结晶。英国著名考古学家戈登·柴尔德认为，城市的出现是人类步入文明的里程碑。对于人类文化的研究，莫不以城市建筑的出现作为文明时代的具体标志且将其与文字、（金属）工具并列。对于城市建筑的探究，无疑需要以文化的脉络为背景。由于自然条件、经济技术、社会文化习俗的不同，环境中总会有一些特别的符号和排列方式，形成这个城市所特有的地域文化和建筑式样，也就形成了城市独有的城市形象。随着时代的发展、科学技术的进步和文化交流的频繁，城市的形象可能会存在走向趋同的情况，而文脉又让我们不时从民族、地域中寻找文化的亮点，如果我们让城市历史建筑仅仅处于被保护状态，它会像一个僵化的躯壳，它的光辉只会逐渐减损、消失，这种保护也只是维持一种自然的衰败。实际上我们可以采用一种积极变换角度的思维——在历史环境中注入新的生命，赋予建筑以新的内涵，使新老建筑协调共生，让历史的记忆得以延续。

拉萨市是笔者工作、生活多年的城市，具有 1300 多年的建城史，是国务院首批公布的全国 24 个历史文化名城之一。市内有包括布达拉宫等世界文化遗产在内的众多名胜古迹，历史文化底蕴深厚，在拉萨市文脉的延续和传承方面有着重要的意义。

同时，建筑所处的环境还包括自然环境（区域的自然环境包括气候、地形、植被等方面的情况，如西藏自治区处于世界"第三极"，高海拔的青藏高原上，这里高寒缺氧，昼夜温差大，自然环境相对严峻）、建筑环境（周围房屋的高度、体量、间距等）、城市环境（位于城市的何种功能区域，周围的公共服务设施、商业设施分布情况）等。

无论是建筑所处区域的人文环境，还是自然环境及城市环境等，都对建筑的各方面有着深刻的影响和要求。

三、时代性与地域性结合的建筑营造

一栋建筑，乃至一个建筑群，在从无到有直至竣工和运营的全过程中，需要在策划和设计等阶段充分考虑功能需求、区域的文脉和人文环境、公众的精神需求和审美需求、区域的自然环境、场地及周边情况等各个方面，同时也需要在现代科技和方法（也包括部分虽然是传统中使用的，但是在当代仍然具有生命力的技术、材料和方法）的运用和支撑下进行策划、设计、建造及运营。

在建筑的策划和设计中，应根据当今社会各机构和公众的各方面需求，合理设置各功能空间和规模大小，以满足使用要求。

在特定区域进行建筑设计时，我们应该深入研究该区域的历史文化，同时总结提炼出相应的特点，但是我们在建筑设计中不应直接沿用传统的形象和符号，而应采用现代方式将其转译为符合当今审美特点的当代建筑语言，并体现出当地建筑文化的神韵。同时，在文化积淀深厚和特色鲜明的区域进行建筑设计时，也需要特别重视文脉的传承。文脉的传承方式可以采用转译和隐喻等现代方式，以同时体现出时代感。例如，在拉萨市的布达拉宫和老城区周边等区域进行建筑设计时，应使城市和街区的文化历史得到有机延续和传承。

场地所在区域的自然环境也需要我们在设计中采取各种有效措施积极应对。在高寒缺氧的西藏地区进行建筑设计时，需要充分考虑朝向、保温、蓄热、节能乃至供氧等方面的要求。

对于场地的现状地形、地貌、植被、建（构）筑物等，在设计时需要综合考虑，合理规划保留和改造，对场地周边相关联区域的影响也应该采取相应措施积极应对。

　　总之，对于和建筑相关的方方面面的要求和影响，应该在设计中予以全面、综合、尽量完善的统筹考虑和应对，从而设计出符合各方面要求且适应当地自然环境状况，具有鲜明的地域文化特色和时代感且扎根于场地的当代建筑。[1]

1.徐宗威.西藏传统建筑导则 [M].北京：中国建筑工业出版社，2004.

第二章

设计实例

作为对"当·地 营造"这一设计理念的进一步阐明和诠释，本章介绍了一些设计实例，这些设计实例也是我们的一些探索。

整体来说，西藏是一个在文化、地理等方面具有鲜明特色和独特魅力的地区。但是由于西藏地域辽阔，不同地区之间在地理气候和风俗习惯乃至传统建筑样式等方面还是有一些区别的，因此本章没有采用通常的以建筑类型进行分类的方式，而是按设计实例的区位来分类。本章主要介绍了位于拉萨、日喀则、那曲、林芝四个地区的设计实例，兼有一些其他地区的实例。

一、拉萨地区

　　拉萨是西藏自治区的地级市、首府，是国务院批复确定的中国具有雪域高原和民族特色的国际旅游城市。全市下辖 3 个区、5 个县，面积为 2.964 万平方千米，平均海拔为 3650 米。拉萨是首批国家历史文化名城之一，以风光秀丽、历史悠久、风俗民情独特、宗教色彩浓厚而闻名于世。7 世纪，松赞干布统一全藏，将政治中心从山南迁到拉萨。1951 年 5 月 23 日，西藏和平解放。1965 年 9 月，西藏自治区成立，拉萨成为自治区首府。拉萨先后荣获中国优秀旅游城市、欧洲游客最喜爱的旅游城市、全国文明城市、中国最具安全感城市、中国特色魅力城市 200 强、世界特色魅力城市 200 强等称号。

　　拉萨地处青藏高原中部、喜马拉雅山脉北侧、雅鲁藏布江支流拉萨河中游河谷平原，是西藏的政治、经济、文化和科教中心，也是藏传佛教圣地。因拉萨地处喜马拉雅山脉北侧，受下沉气流的影响，全年多晴朗天气，降雨较少，冬无严寒，夏无酷暑，属高原温带半干旱季风气候，全年日照时间在 3000 小时以上，素有"日光城"的美誉。

西藏大学民族文化博物馆

项目地点：西藏拉萨市
设计时间：2017 年
建筑面积：6947 平方米
合作建筑师：姜运豪，梅朵旺姆，
旦增洛央

西藏大学民族文化博物馆位于西藏大学新校区主入口附近东侧，场地北侧靠近校园绿化带和围墙，南侧为校园主干道和公共绿地，东侧为校区停车场及医疗保健中心。场地为规整的长方形。

以**高原民族及其灿烂文化**为设计理念，建筑整体上体现藏式建筑质朴、粗犷的气质，结合藏式传统建筑的特点，采用现代手法体现西藏地域文化特色，运用当地建筑材料并借鉴传统藏式建筑空间序列和庭院营造手法，营造具有西藏特色的文化氛围，整体与校园现有特色相融合，以打造精品地域性文化建筑。建筑南向布置室外广场作为主入口及活动广场，并在广场上设置雕塑和花池等景观小品，以增加整体文化氛围。

西藏大学民族文化博物馆夜景鸟瞰透视图

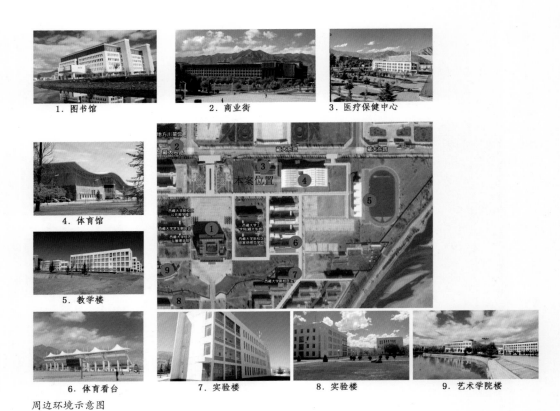

1. 图书馆 2. 商业街 3. 医疗保健中心

4. 体育馆

5. 教学楼

6. 体育看台 7. 实验楼 8. 实验楼 9. 艺术学院楼

周边环境示意图

选址现状（1）

选址现状（2）

选址现状（3）

选址现状（4）

选址现状（5）

选址现状（6）

地块1为民族文化博物馆选址位置，占地4280㎡

主入口

次入口

运动区

教学区

宿舍区

1

选址分析图

教学区

本案位置

运动区

教学区

教工及研究生宿舍区

学生宿舍

 学校范围线

本次项目位置

功能分析图

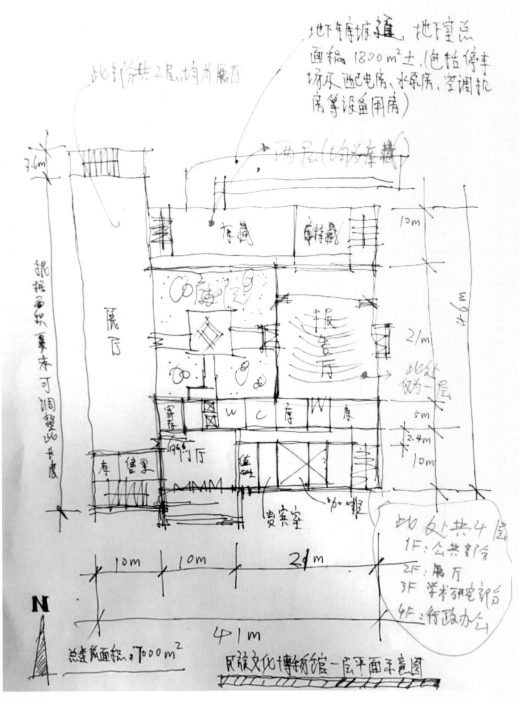

此行为共2层均为展厅

地下车库坡道，地下室总面积1800m²士（包括停车场及配电房、水泵房、空调机房等设备用房）

一两层（均为库藏）

3.6m

根据要求察来可调整此长度

展厅

四库房

库藏

麻特藏

报告厅

展厅

寄存

WC 库 W 库

此处仅为一层

咖啡厅

库 值更

贵宾室

10m

6m

21m

5m

2.4m

10m

此处共4层
1F：公共部分
2F：展厅
3F：学术研究部分
4F：行政办公

10m 10m 20m

41m

N

总建筑面积：7000m²

民族文化博物馆一层平面示意图

设计草图一

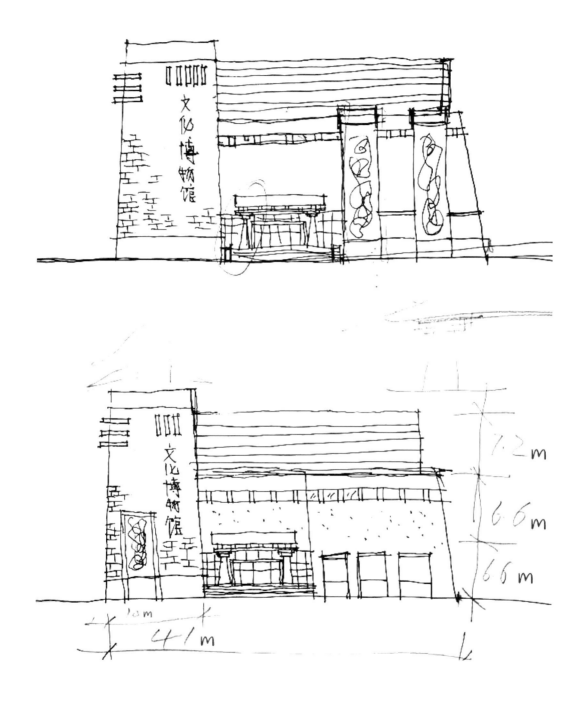

文化博物馆

文化博物馆

7.2 m

6.6 m

6.6 m

4.1 m

设计草图二

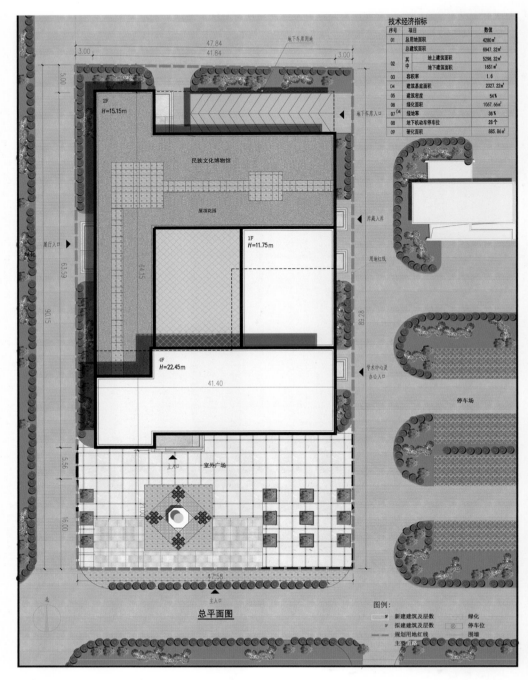

技术经济指标

序号	项目		数值
01	总用地面积		4280 ㎡
02	总建筑面积		6947.32㎡
	其中	地上建筑面积	5296.32㎡
		地下建筑面积	1651 ㎡
03	容积率		1.6
04	建筑基底面积		2327.22㎡
05	建筑密度		54%
06	绿化面积		1057.66㎡
07	绿地率		36%
08	地下机动车停车位		28个
09	硬化面积		885.86㎡

总平面图

总平面图

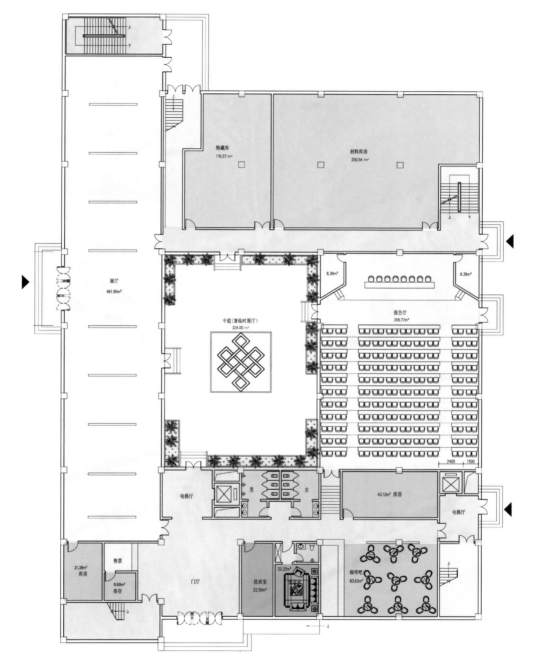

特藏库
116.27 ㎡

材料库房
250.54 ㎡

展厅
461.90㎡

8.39㎡

报告厅
318.77 ㎡

8.39㎡

中庭(兼临时展厅)
324.00 ㎡

2400 1500

电梯厅

男   女

43.12㎡ 库房

电梯厅

21.38㎡
库房

售票

信息室
22.55㎡

22.37㎡

咖啡吧
83.63㎡

8.68㎡
寄存

门厅

一层平面图

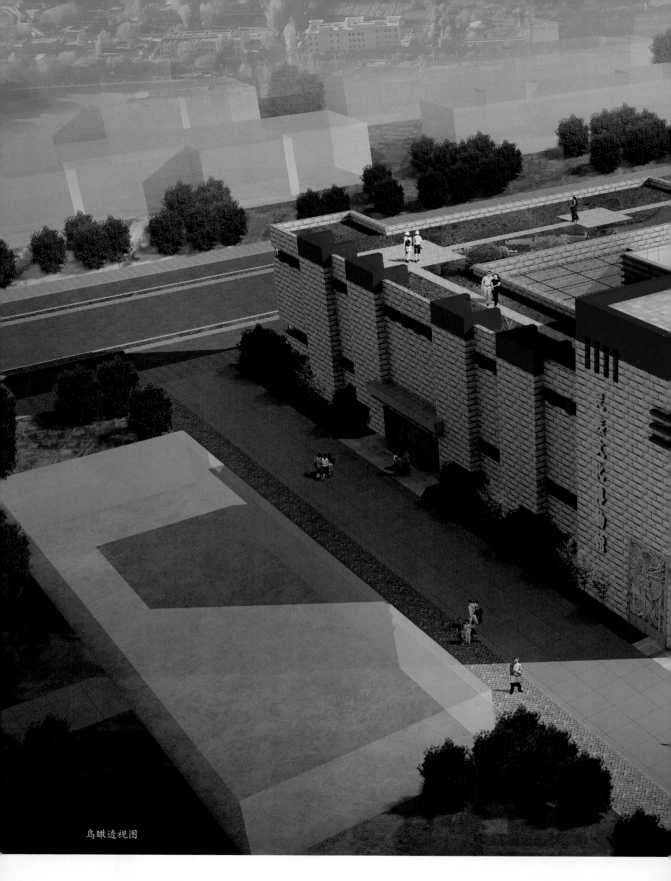

鸟瞰透视图

透视图

拉萨某精品酒店

项目地点：拉萨市城关区
设计时间：2019 年
建筑面积：31761 平方米
合作建筑师：姚先，马祥，旦增
洛央，央珍，白玛泽措

　　本项目为五星级旅游度假精品酒店，内部功能及配套设施齐全，可满足高端酒店的各项要求。

　　项目位于拉萨市的中心地带，位置极佳，与世界文化遗产布达拉宫的直线距离仅 800 米，距罗布林卡 1 千米，且场地靠近拉萨唯一的关帝庙，周边历史文化底蕴深厚，拥有非常丰富的人文景观资源。设计体现了对周边历史文化环境的充分尊重，并通过空间营造、造型处理等方式对周边环境做出了积极的回应。

鸟瞰图

酒店设计从城市现有空间格局、场所周边历史文脉、城市风貌、场地自身情况、景观、空间、造型、功能等方面综合考量，立足于延续项目场地周边城市空间脉络，尊重古城拉萨浑厚的历史文化积淀和城市现有空间格局，充分利用项目场地内及周边丰富的人文景观等资源，营造高品质的建筑空间环境，体现地域文化特色并力争提升场地周边城市空间环境品质，精心打造富有文化气息及地域特色且设施齐备的拉萨代表性高端酒店。

项目场地地形较不规则，设计团队在总体规划上因地制宜，采用园林式布局，使建筑与环境协调统一、相得益彰，营造出一个环境优美、景观丰富的高品质场所。在总体布局上结合地形，使酒店主体建筑相对集中布置，并结合场地内保留的古树设置了庭院和园林景观。庭院设计采用了藏式风格，以体现地域特色；北侧园林设计采用了中式风格，以与场地靠近的关帝庙历史文化景观相协调，并丰富了酒店的空间景观。根据场地情况，合理布置了交通系统和其他绿化景观等内容，构筑了完整、丰富的景观系统和空间序列。

酒店大堂位于相对开阔的场地南侧，酒店内部设有藏式中庭，并在适宜位置设置了屋顶花园和观景平台，以营造丰富的空间层次，也为酒店提供了多样的休闲场所，提升了酒店的空间品质。

为充分发挥项目的区位优势，设计团队通过精心布置，使得酒店一半以上的客房可欣赏到布达拉宫的美景，且部分客房可眺望关帝庙的历史文化景观。

鉴于该酒店位于拉萨历史风貌核心区附近，根据拉萨市城市风貌的相关规定要求，造型上采用了富有地域文化特色的风格，以和周边城市风貌相协调。同时该酒店在设计时对传统藏式风格进行了适当提炼和抽象表达，在富有地域特色的同时也具有较强的时代感，进而营造出特色鲜明、富有文化气息、外观大气而又精致的拉萨高端酒店形象。

酒店鸟瞰效果图

透视图

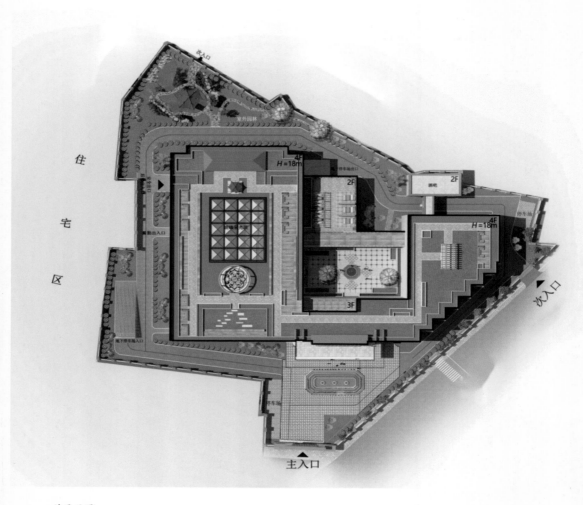

次入口

室外园林

住

宅

区

4F
H=18m

2F

2F
酒吧

2F

4F
H=18m

3F

次入口

主入口

总平面图

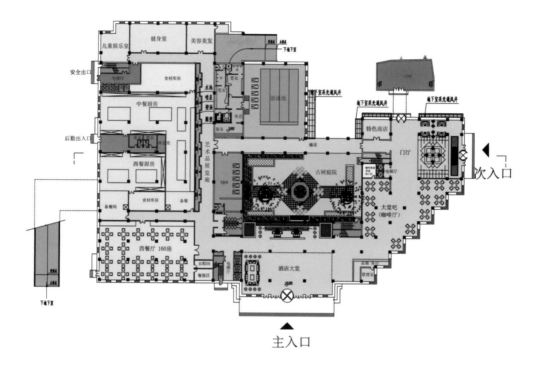

一层平面图

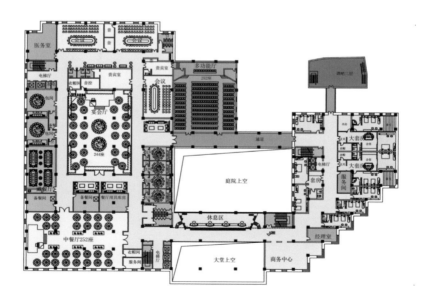

二层平面图

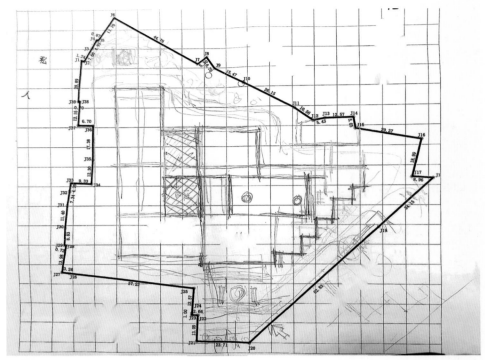

设计草图一

设计草图二

主入口透视图

局部透视图

庭院鸟瞰图

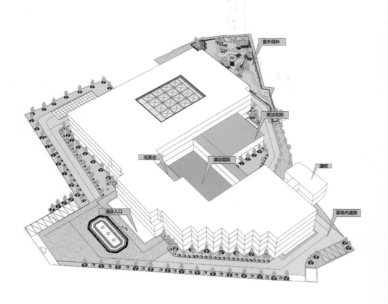

景观分析图

[03]

西藏大学大学生活动中心

项目地点：西藏拉萨市
设计时间：2017—2018 年
竣工时间：2020 年
建筑面积：11243 平方米
设计团队：胡冰，姜运豪，阿旺强巴，梅朵旺姆，姚先，马祥，旦增洛央，伊健康，多吉巴桑，孙龄芳，陶娟，古琴，张龙，王刚强，多吉，张静

西藏大学学生活动中心位于拉萨市城关区西藏大学新校区东部，项目场地西侧为校园公共绿地、西藏民族文化实训中心及高原科学基础实验中心楼等，南侧为学生宿舍区和停车场。

本项目设计分为两个阶段，一是投标方案设计阶段，二是中标后方案细化设计、初步设计和施工图设计阶段，两个阶段的方案有一定的区别。

1. 中标方案——雪域高原，放飞青春

学生活动中心是为西藏大学学生提供文化、艺术、娱乐活动空间的场所，设计体现出西藏当代大学生积极向上、朝气蓬勃、勇于创新、充满活力的精神面貌，展现出新时代大学生的风采和鲜明的时代感，同时充分体现出民族地域特色并和现有的校园风貌相协调。

中标方案鸟瞰透视图

2. 实施方案——雪山印象，青春活力

本项目位于雪域高原西藏拉萨市，使用对象主要为大学生，在设计上采用现代抽象设计手法，通过形体构成、材料运用和虚实对比等方式体现雪域高原上皑皑雪山的意象，同时通过丰富的形体、硬朗的线条、新颖的造型、明快的色彩展现出当代西藏大学生的青春活力和他们勇于创新、朝气蓬勃的精神面貌。在入口等部位的设计上，适当借鉴了传统藏式建筑造型风格并经提炼和抽象处理，使本项目在具有鲜明的地域特色的同时，也具有较强的时代感，营造出一处积极向上、富有吸引力的校园活动空间。

本项目要满足开展体育活动及大型集会、文艺观演、日常办公、健身等活动的多项要求，各空间规模悬殊、功能复杂，是集可容纳 4200 余人的体育馆（会场）大空间及其附属用房和众多小空间（乒乓球室、排练厅、健身房、会议室、社团活动室、办公室等）于一体的综合性多功能建筑。设计方案需要在较紧张的场地上合理安排和布置众多的功能空间，并满足各种不同的使用要求以及大量人流的交通疏散组织要求等。

为节约用地，设计采用集中式布局，两个主入口分别面向南边的活动广场及西边的校园主干道。整体设计上，建筑西侧设置体育馆大空间及相应附属房间，中部设置舞台，东部集中布置三层功能用房，交通流线便捷，布局合理紧凑，在联系方便的同时功能分区明确，且相互干扰少，各功能空间均能较好地满足相应的使用要求。本项目主要使用空间是多功能体育馆空间，该空间可满足举办体育赛事的各项要求，且设置了高标准的升降舞台，可满足举办大型集会和文艺观演等活动的要求。

本项目主体结构为钢筋混凝土框架结构，屋顶为钢网架结构。

本项目的建成，填补了西藏大学新校区没有大型活动空间的空白，为广大师生开展各项丰富多彩的文体活动提供了良好的场所。

区位分析图

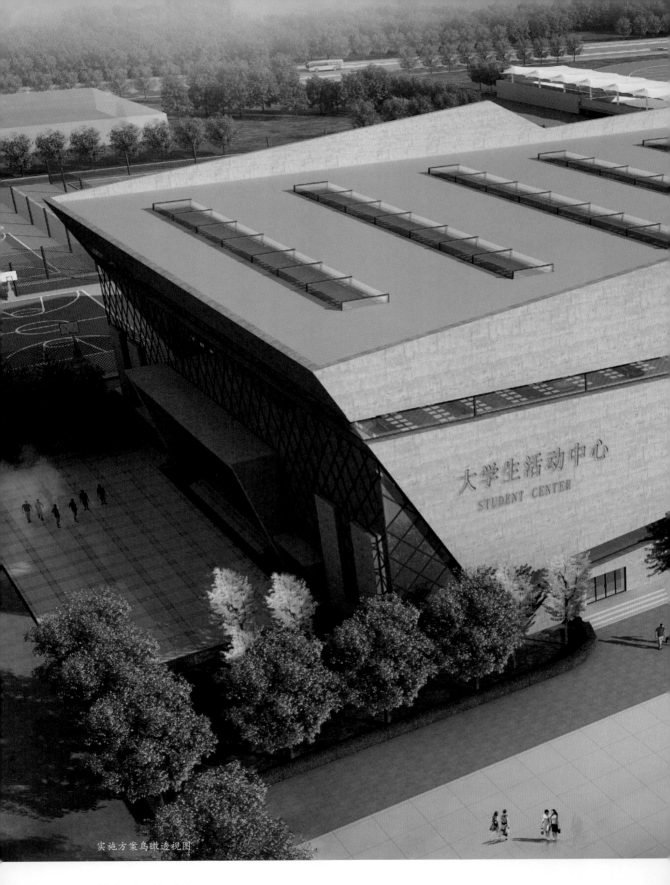

实施方案鸟瞰透视图

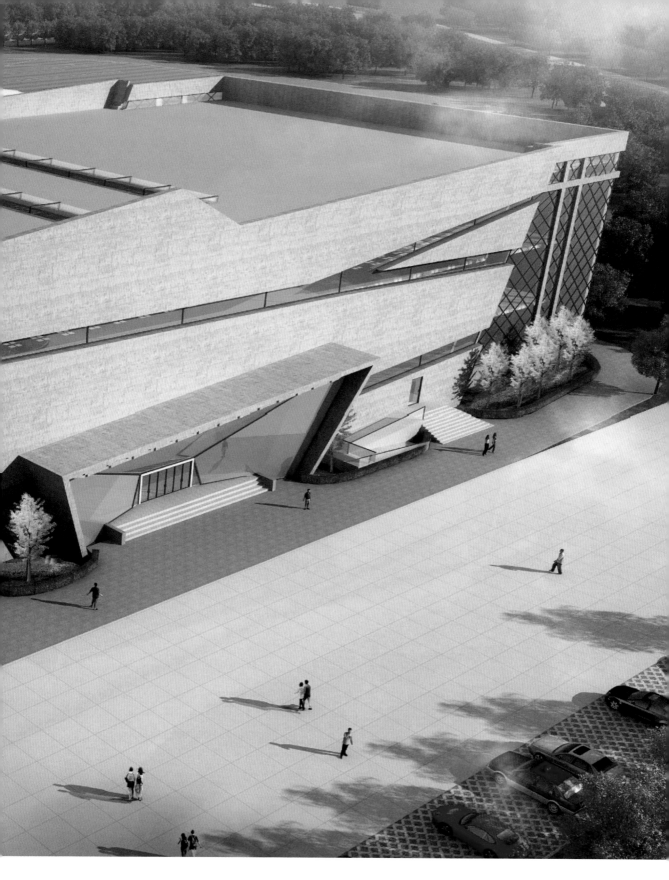

中标方案透视图

中标方案入口透视图

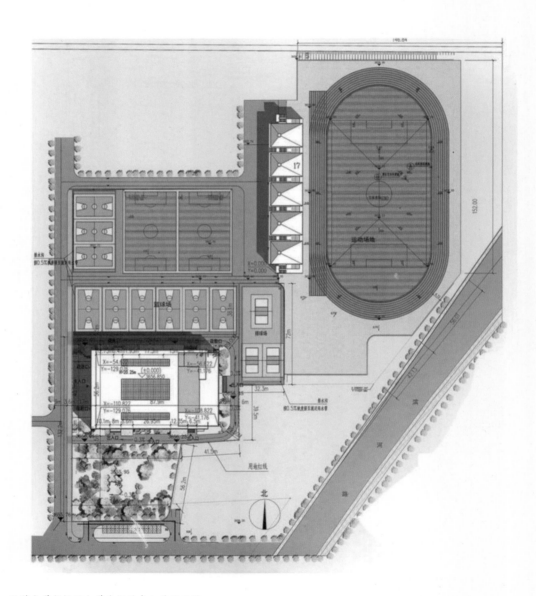

西藏大学新校区大学生活动中心总平面图

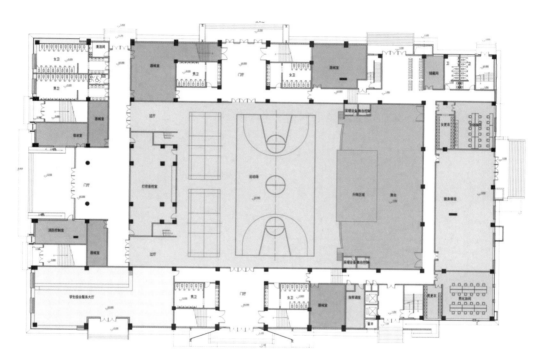

一层平面图

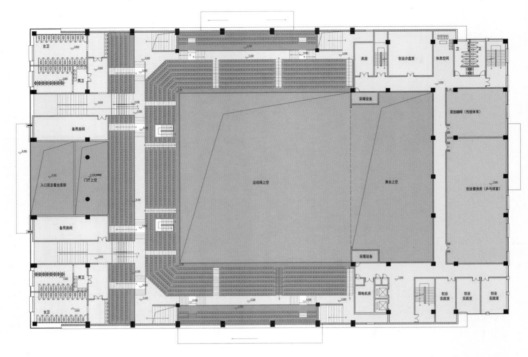

二层平面图

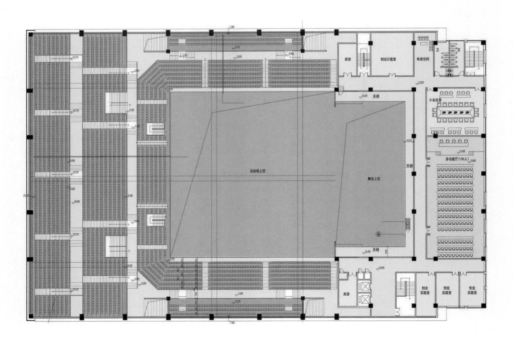

三层平面图

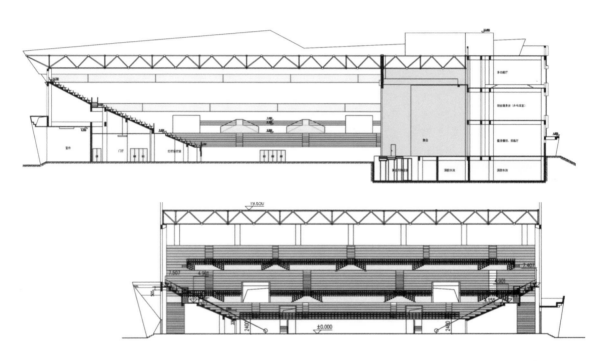

剖面图

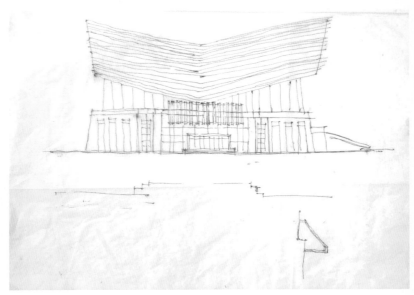

设计草图一

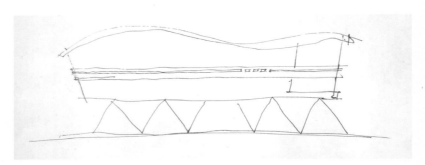

设计草图二

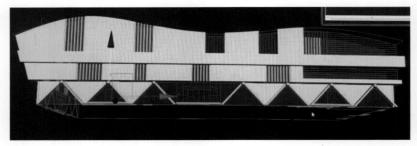

过程方案之一——立面图

外观实景图一

外观实景图二

外观实景图三

外观实景图四

室内实景图一

室内实景图二

西藏自治区青少年宫

[04]

项目地点：拉萨市城关区
设计时间：2015—2017年
建筑面积：53016平方米
合作建筑师：李强，罗鹏，梅朵
旺姆，阿旺卓玛，姚先，马祥

西藏自治区青少年宫位于拉萨市老城区南侧，距老城区约500米，位置非常优越。

项目设计在整合复杂功能的基础上，立足于民族地域建筑传统的当代表达，结合青少年的特点和周边的城市环境风貌，着力塑造一个积极向上、充满活力的当代地域性青少年活动空间。为营造良好的环境并体现可持续发展理念，场地内原有古树和大树基本予以保留。

方案一：以象征性手法体现青藏高原连绵起伏的雪山托起雪域"明珠"（西藏广大青少年）并放飞梦想。

方案二：用现代设计方法体现藏式传统宫殿的意象，同时寓意新时代西藏青少年奋发有为、勇攀高峰的精神风貌。

在室内空间设计上与项目整体风格相协调，表达出现代青少年的特点和民族地域性。

鸟瞰图

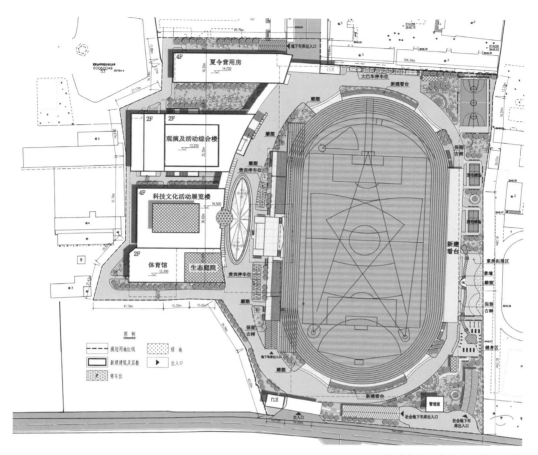

西藏自治区青少年宫总平面图

区位分析图

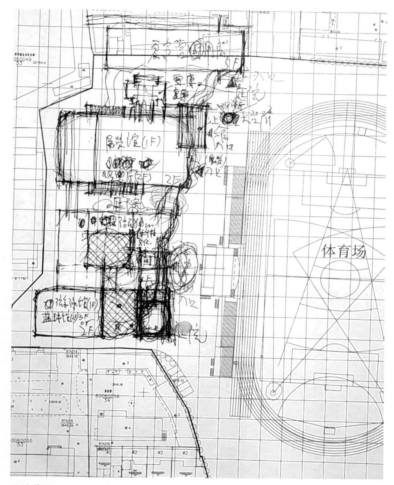

设计草图一

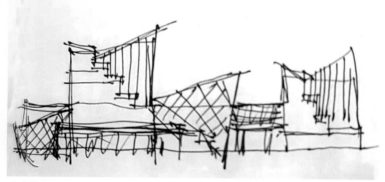

设计草图二

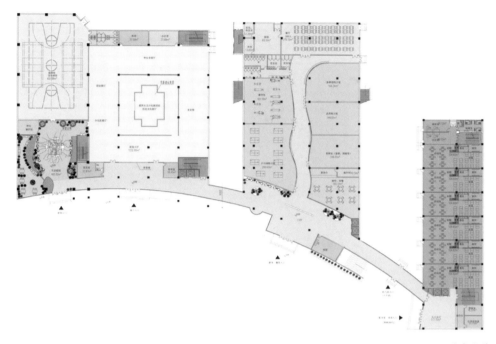

一层平面图

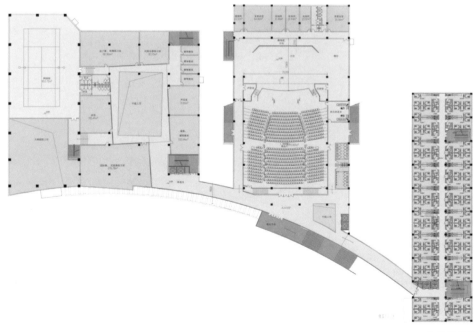

二层平面图

方案一透视图

方案一局部透视图

方案二透视图

方案二局部透视图

室内透视图一
（中庭内设置了恢复重建的历史建筑）

室内透视图二

室内透视图三

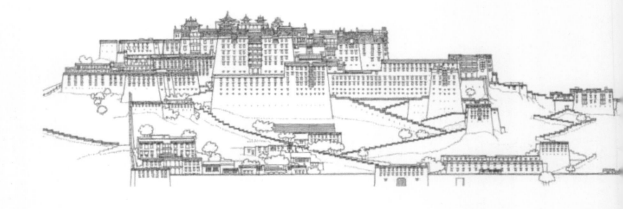

[05]

西藏自治区建筑勘察设计院
综合业务楼

项目地点：西藏拉萨市
设计时间：2016 年
建筑面积：12025 平方米
合作建筑师：罗鹏，姚积明，
马祥

　　本项目位于拉萨市城关区西藏自治区建筑勘察设计院内，设计院南邻林廓北路和朵森格路北段，距布达拉宫和大昭寺直线距离约 1 千米，距小昭寺直线距离约 500 米，位置优越。

　　作为设计院的综合业务楼，笔者希望能将其打造为西藏一流、西部前列、具有高品质工作空间、能展现藏族文化及地域特色、绿色节能的创意工作场所，并希望对西藏地区现代建筑起到一定的示范引领作用。

　　通过对基地和周边环境以及项目的各方面特征进行全面的分析，设计团队归纳得出本项目以**传承历史、绿色家园、创意空间**为设计理念，力争传承西藏传统建筑文化，并体现西藏当代的建筑特色及设计行业的创意特点。

　　通过在建筑形体中插入指向场地外、代表西藏传统建筑精粹的世界文化遗产布达拉宫的轴线，并沿轴线分别设置中庭和观景绿色空间（空中庭院），以及连接中庭两侧的景观桥和富有现代特色的钢结构藏式亭等。试图建立起传统与现代的对话，同时隐喻设计院作为连接

西藏传统建筑文化和现代西藏建筑营造桥梁的身份。这样也使该建筑融入拉萨市的城市背景中，成为拉萨城市肌理中有机的成员，并锚固于基地，成为传承历史的一处纽带。借鉴藏式传统庭院特色，该项目设置了尺度适宜的中庭和四个观景绿色空间（空中庭院），以及景观桥和休息亭等场所，营造出丰富的空间、多姿的景观及富有文化特色的工作环境，同时也提供了多样的公共交往与休息空间。通过这一创意场所，可提高此地工作人员的工作效率，增进他们之间的交流并激发他们的设计灵感，给他们带来丰富的空间体验和感受。

在造型设计上，秉承本项目的基本设计理念，以现代设计手法体现西藏地域及文化特色。通过形体组合，以现代材料和富有地域特色的色彩并置，并对传统的西藏建筑特点进行提炼，构筑当代西藏建筑特色，并赋予其行业特色，体现设计感，特色鲜明，富有新意。

通过采用太阳能技术、地源热泵技术、光导管设施、雨水收集系统及保温隔热材料等，并通过内部空间的组织，引导自然通风和采光，体现绿色节能及可持续发展的理念，使本项目在使用中能耗低且具有较高的舒适度，符合国家关于绿色节能建筑的要求，展现绿色空间特色。

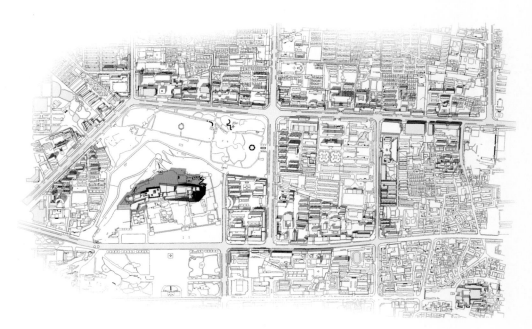

拉萨市城市肌理

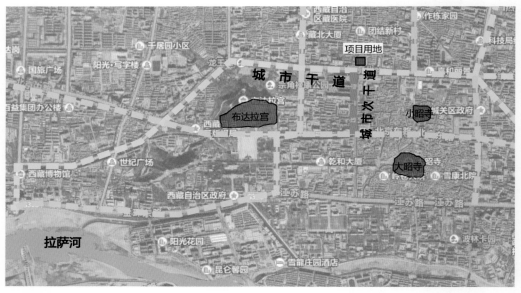

项目区位图

传统藏式庭院

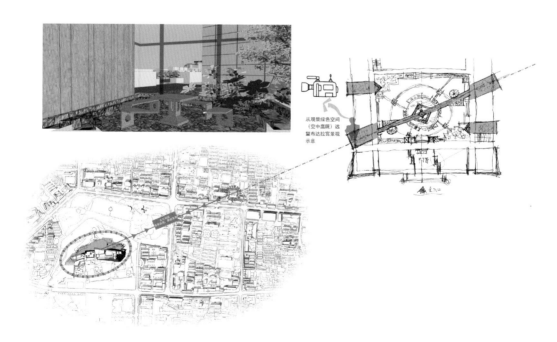

从观景绿色空间
（空中庭院）远
眺布达拉宫景观
示意

设计理念图解示意

鸟瞰透视图

外观透视图一

外观透视图二

入口透视图一

入口透视图二

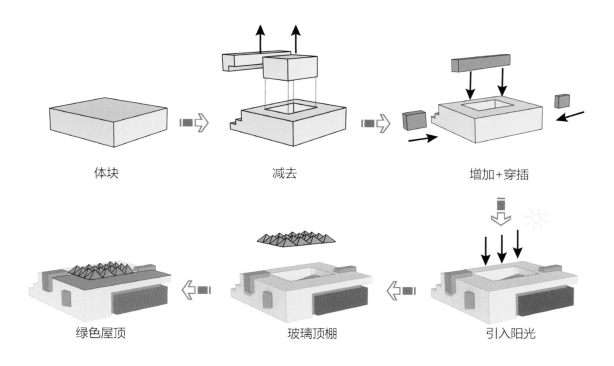

体块　　　　　　　　　减去　　　　　　　　　增加+穿插

绿色屋顶　　　　　　玻璃顶棚　　　　　　　引入阳光

形体生成分析图

8号楼 5F

1F

2F

4F

次入口

太阳能光水发电楼

83.31m

7.98m

4号楼 3F

主入口

4F

20.15m

行政管理楼

4F

设计业务楼

4F

商品房 1F

入口

总平面图 1:20

林廓北路

总平面图

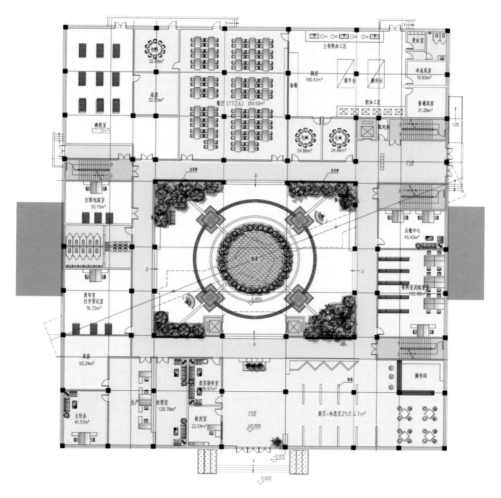

一层平面图

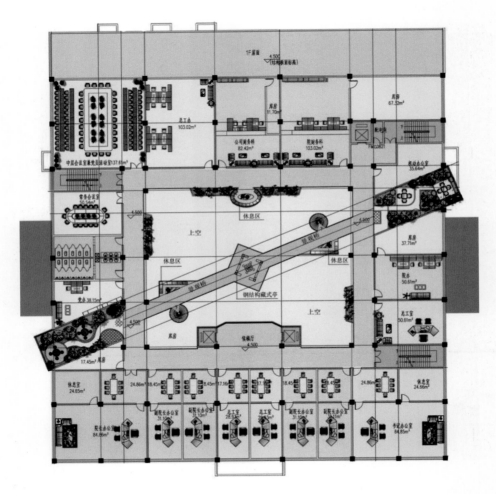

二层平面图

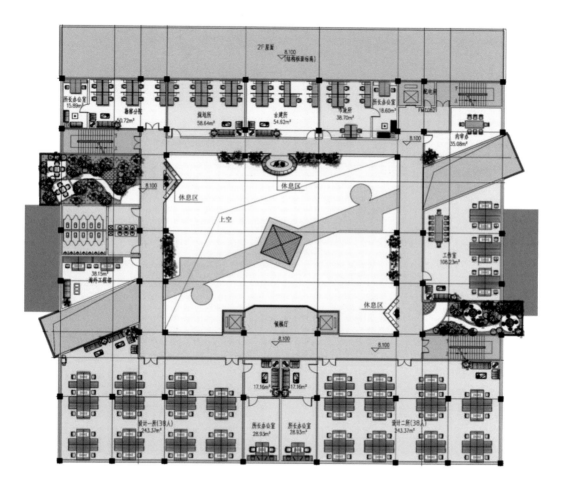

三层平面图

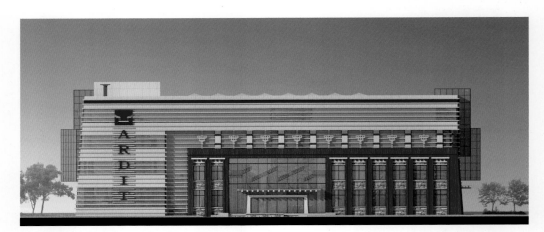

南立面图

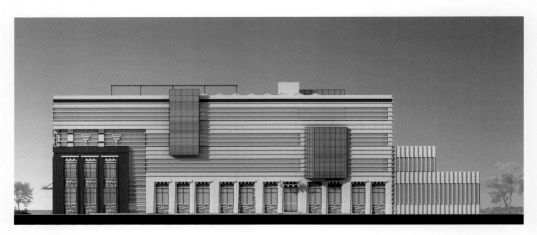

东立面图

中庭透视图

中庭连廊及休息亭透视图

中庭连廊及空中庭院透视图

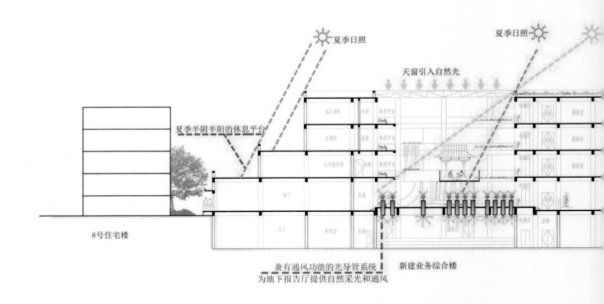

夏季日照　　　　　　　　　　　　夏季日照

天窗引入自然光

夏季半阴半阳的休息平台

8号住宅楼

兼有通风功能的光导管系统
为地下报告厅提供自然采光和通风　　新建业务综合楼

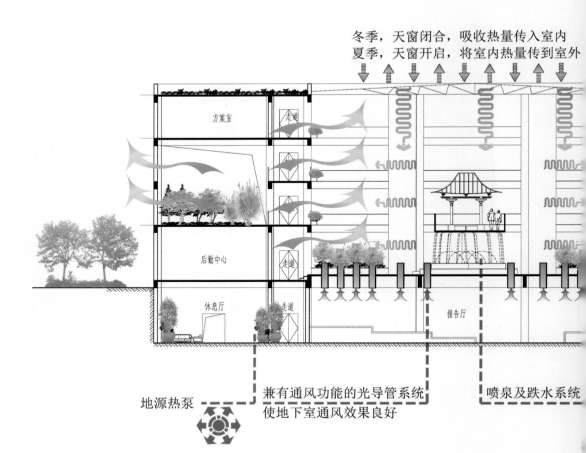

冬季，天窗闭合，吸收热量传入室内
夏季，天窗开启，将室内热量传到室外

方案室　　　　走道

后勤中心　　　　走道

休息厅　　走道　　　　　　　　　报告厅

地源热泵　　　　兼有通风功能的光导管系统　　　　喷泉及跌水系统
　　　　　　　　使地下室通风效果良好

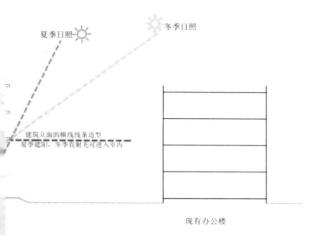

夏季日照

冬季日照

建筑立面的横线条造型
夏季遮阳，冬季直射光可进入室内

现有办公楼

绿色建筑分析图一

屋顶花园，冬季保温，夏季降热

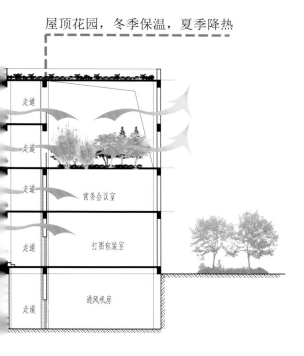

走道

走道

走道

走道

走道

常务会议室

打图包装室

通风机房

温，净化空气

绿色建筑分析图二

06

西藏自治区妇产儿童医院与四川大学华西第二医院合作共建区域医疗中心项目

项目地点：西藏拉萨市柳梧新区
设计时间：2022 年
建筑面积：53139 平方米
合作建筑师：米玛国杰，单增洛央，白玛泽措

本项目位于拉萨市柳梧新区，距西藏自治区妇产儿童医院约 1.5 千米，交通方便。

格桑花开，幸福西藏。本项目通过形体塑造及造型处理，体现出雪域高原格桑花盛开的意象，寓意西藏妇女儿童健康平安，铸就幸福西藏。

本项目主要功能为妇幼医学研究、基本公共卫生服务、人才培养、儿童健康管理、妇幼康复等。建设内容包括自治区妇幼儿童健康数据中心、疾控中心、基本公共卫生项目管理中心（妇幼健康保健中心）、妇幼疾病康复中心、妇产儿科疑难重症救治中心、妇幼随访中心、遗传病诊疗中心、指导中心、培训中心等。

鸟瞰透视图

设计满足项目功能要求，分区明确。在总体布置上充分结合场地特点，营造出一个功能合理完善、环境优美、联系方便的医疗园区。外观造型展现出地域民族文化特色及时代感，并体现医疗和妇女儿童特色，与西藏自治区妇产儿童医院建筑及周边环境相协调。

区位分析图

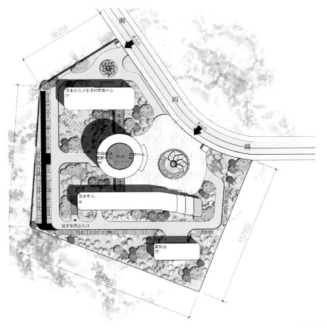

总平面图

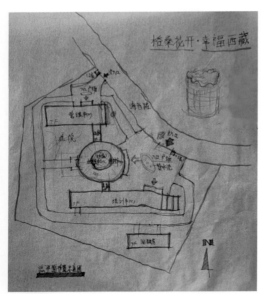

设计草图二

设计草图一

透视图

07

西藏拉萨市经济技术开发区标准厂房孵化园区

项目地点：西藏拉萨市经济技术
开发区
设计时间：2016 年
建筑面积：130065 平方米
合作建筑师：罗鹏，梅朵旺姆，
姚积明，王静，刘陈

　　拉萨市经济技术开发区为西藏自治区唯一的国家级
经济技术开发区，位于西藏自治区首府拉萨市堆龙德庆
区内，距市中心约 10 千米，距贡嘎机场 50 千米，交通
便利。本项目基地位于开发区 B 区，场地周边基础设施
齐全。

　　项目所在地块处于 B 区核心位置，为最先开发地块，
对整个 B 区具有示范性、前瞻性、引领性作用。项目定
位以基础研发与制造、企业孵化为主，方便企业间配套
协作，增加集群效应，加强创新资源的利用效率，使园
区自身形成良性的产业生态系统，同时为中小型企业提

区位及场地分析图

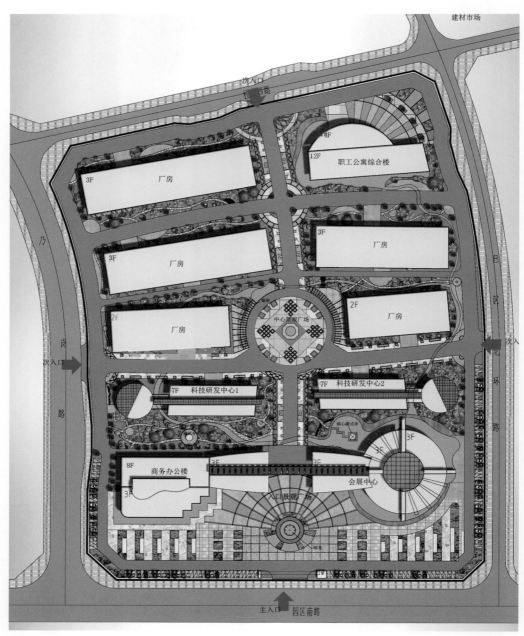

建材市场

次入口
桂园路

3F 厂房

4F
12F 职工公寓综合楼

3F 厂房

3F 厂房
厂房

乃

B区

岗路
次入口

2F 厂房

中心景观广场

2F 厂房

次入
环路

7F 科技研发中心1

7F 科技研发中心2

3F

8F 商务办公楼

3F

3F

3F 会展中心

3F

入口景观广场

喷泉

主入口 园区南路

总平面图

供创业平台。该区域还将作为藏式工业园区旅游参观场地，设计需融合游览路线。

规划设计立足于西藏地理人文特色和现代科技产业园定位，因地制宜、特征鲜明。

结合场地及周边生态环境和地域特点，设计着力营造一个空间层次清晰、可持续发展的孵化园区综合系统。规划设计注重与高原独特的环境相匹配且和谐共生，有效利用自然条件，并表现西藏地区的文化特色，同时采用现代设计方法体现出孵化园区的科技感，将该园区建设成为一个体现西藏独特个性且具有时代特色的生态科技产业园区，使其成为一个具有吸引力的创业空间。

景观设计以营造园林式孵化园区为目标，通过将现代景观设计理念和藏式传统园林特点相融合，打造西藏第一个集科技研发、办公、生产、生活于一体的高品质生态产业园区。景观设置主要是以南北、东西方向的景观轴展开，并结合园区内部的景观节点及园区整个水体形成完整的景观体系。在两条主要景观轴交会处，设计富有西藏特色的中心广场、科技研发中心及办公会展区之间的景观带，是整个园区的景观核心区域，辐射整个园区景观。

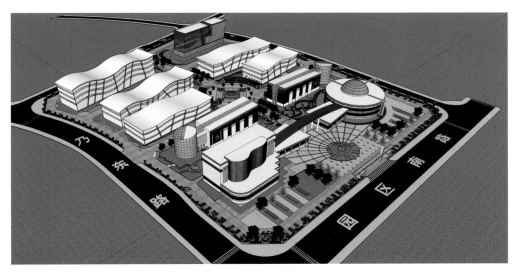

整体鸟瞰图

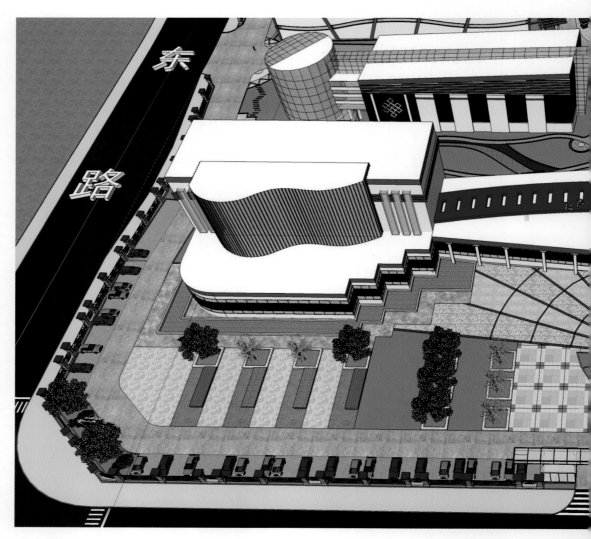

局部鸟瞰图

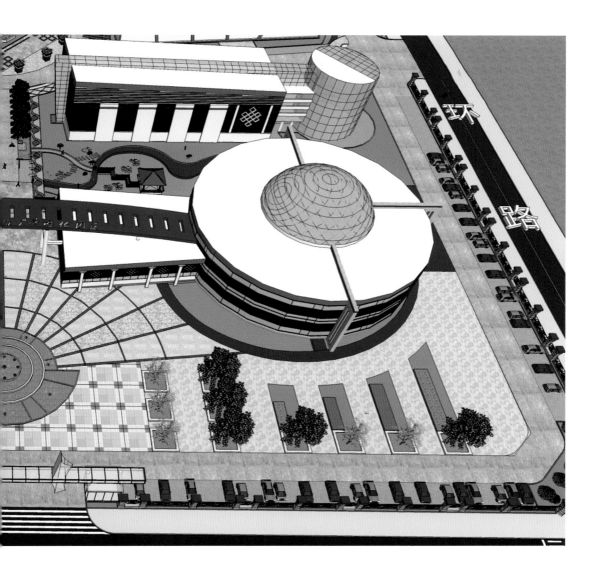

入口透视图

局部透视图一

局部透视图二

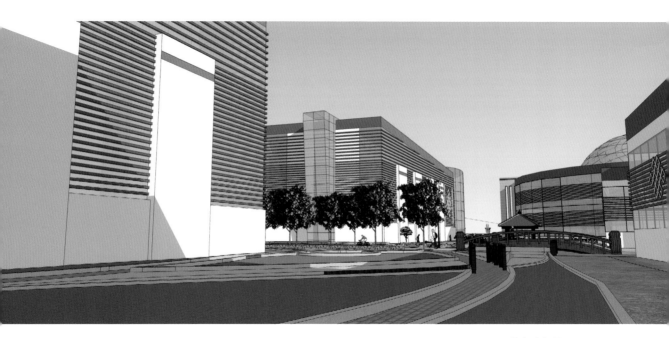

局部透视图三

局部透视图四

局部透视图五

08

西藏自治区交通运输厅
总体规划及业务综合楼

项目地点：西藏拉萨市城关区
设计时间：2013 年
设计规模：规划面积为 101478
平方米，业务综合楼建筑面积为
14763 平方米
合作建筑师：张波

　　规划充分利用和保留现有绿化及拥有优美行道树景观的主干道等资源，以保留场所记忆并节约投资，同时合理设置人工湖、岛、花池、喷泉及亭台等景观，进而形成层次分明、景观丰富、环境优美的工作及生活场所。

　　业务综合楼功能完备，将现代办公建筑设计理念和藏式建筑特点相结合，体现了简约大方的当代西藏地域建筑特色。

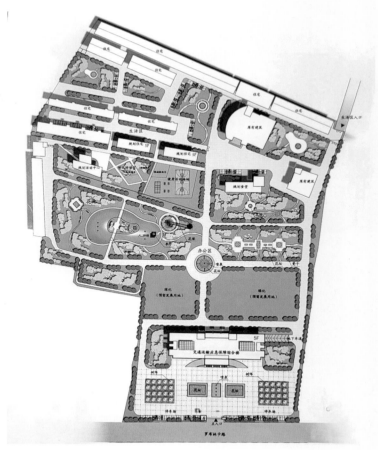

规划及景观设计总平面图

透视图

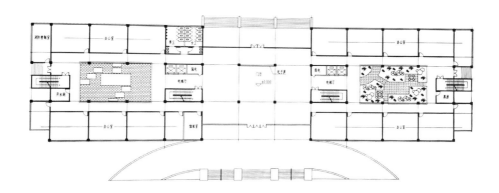

平面图

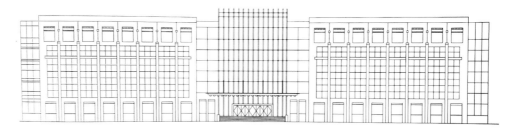

立面图

09

西藏拉萨市柳梧新区某酒店

项目地点：西藏拉萨市柳梧新区
设计时间：2012 年
建筑面积：49429 平方米
合作建筑师：张波，梅朵旺姆

　　本项目为四星级城市酒店，位于距老城区较远的柳梧新区，内部功能配套及设施齐全且空间丰富。项目功能定位为高档旅游接待，设计上将传统藏式风格和现代特色相结合，塑造出典雅、端庄、大气且富有层次感和民族地域特色的现代酒店形象，以吸引广大游客前往体验。

鸟瞰图

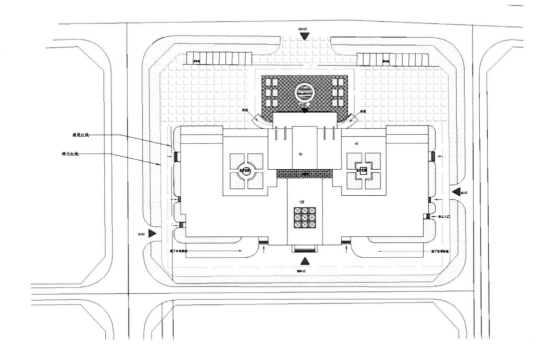

总平面图

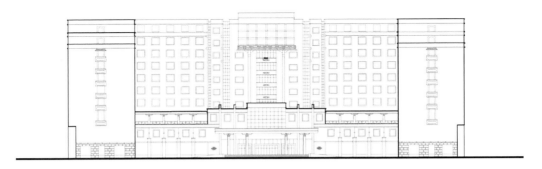

立面图

透视图

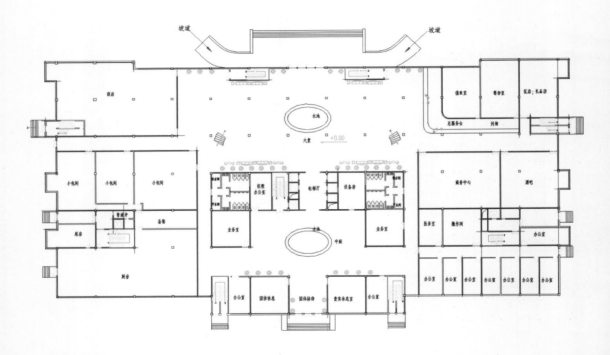

一层平面图

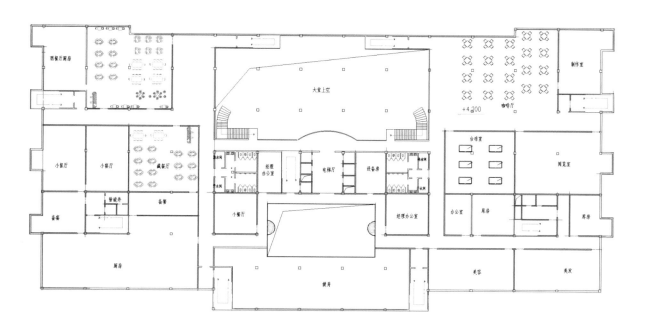

西餐厅厨房

制作室

大堂上空

咖啡厅

+4.200

小餐厅　小餐厅　藏餐厅

台球室

阅览室

办公室

经理办公室

小餐厅

经理办公室

电梯厅

设备房

管道井　备餐

备餐

办公室　库房

库房

厨房

健身

美容　美发

二层平面图

[10]

西藏拉萨市木材交易市场二期
展示馆及业务楼

项目地点：西藏拉萨市达孜区工业园
设计时间：2014 年
建筑面积：21865 平方米
合作建筑师：张波，姜运豪

　　本项目总体体现地域特色、时代特色、行业特色。建筑单体设计重视与周边环境相协调，对传统建筑形式进行充分提炼，用现代设计手法体现简约、得体的地域特色并体现时代感，同时通过材质和色彩展现行业特色。

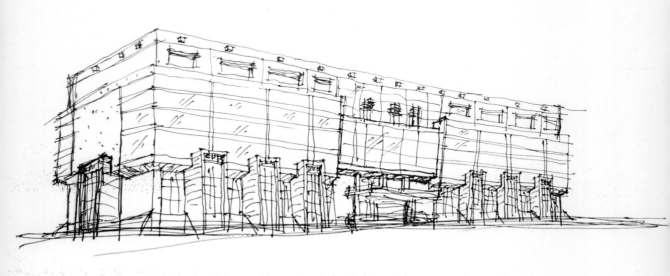

设计草图

展示馆透视图

业务楼透视图

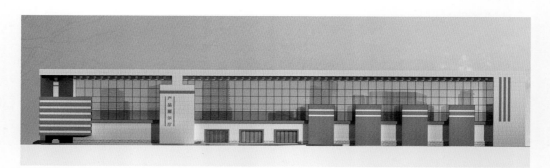

展示馆立面图

业务楼立面图

西藏拉萨市墨竹工卡县甲玛乡新农村建设

项目地点：西藏拉萨市墨竹工卡县甲玛乡

设计时间：2009—2010 年

竣工时间：2012 年

设计规模：龙达村规划面积为 77373 平方米，赤康村村民搬迁安居工程规划面积为 5795 平方米

设计团队：洛桑格来，张菊梅，姚团飞，古琴，张静

拉萨市墨竹工卡县甲玛乡交通便利，是名扬四海的藏族英雄松赞干布的出生地，也是我国著名爱国人士、全国政协原副主席阿沛·阿旺晋美的家乡。甲玛乡各村庄分布着众多的历史文化古迹，此外该乡还拥有丰富的矿产资源。

1. 甲玛乡龙达村总体规划及景观设计

墨竹工卡县甲玛乡龙达村位于 318 国道沿线，也是去往墨竹工卡县旅游景点——松赞干布出生地景区的必经之处和游客的第一观赏地点。龙达村未经详细规划，自建房屋布局较混乱，缺乏基础设施，给当地居民的生产、

甲玛乡龙达村新农村建设总体规划图

生活带来了很大的不便。然而，龙达村新农村建设对墨竹工卡县旅游业的发展起着重要的作用。本项目作为试点工程，要为下一步大规模新农村建设做好准备工作。

龙达村位于甲玛乡松赞干布出生地景区的主入口处，该村设有该景区的入口大门，作为游客进入该景区的第一站及必经之处，该村位置显要。本规划的出发点是将该村作为甲玛乡整个景区的第一景点，力争使该村特色突出、村容整洁、景色优美，不仅使其成为吸引游客进入甲玛乡松赞干布出生地景区的入口，而且使其成为一个能让游客参观、游览并考虑可进入村民家中体验民俗的景点。

规划在保证龙达村村内各个区域功能合理、结构清晰的基础上，做到了相互协调、有机联系，创造一个基础设施完备、基本道路畅通、环境优雅的新农村。规划设计上适应现代社会的发展要求，尽量利用现有条件进行合理规划。该村沿 318 国道处的现有护坡较残破，规划将改造护坡，面植草坪及各色花卉，以使过往的行人产生良好的第一印象。该村现存一座保存较完整的白塔，规划将此塔作为一个重点景点，并以其为中心设置广场，并在广场布置花池及座椅等设施，为村民及游客提供一个休息观赏的公共空间。

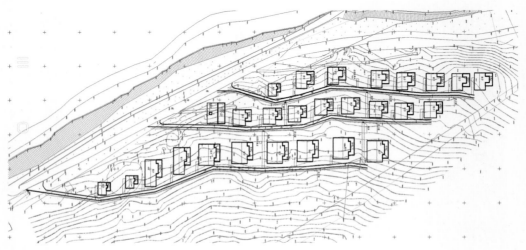

甲玛乡村民搬迁工程规划方案

2. 甲玛乡赤康村村民搬迁安居工程设计

甲玛乡赤康村位于甲玛乡松赞干布出生地景区的核心部位，景区的很多景点都分布于赤康村。该村又是萨迦王朝时期西藏十三万户长驻锡地和霍尔康贵族庄园遗址，也是目前西藏唯一一个以"万户"命名的村，村内还保留着贵族庄园特有的建筑形式——古围墙、古佛塔、古寺庙等。由于该村过去没有进行总体规划，村民建房选址较随意，造成房舍布置较分散、杂乱，且有些房舍位于古迹景点附近，不仅使得村容不够整洁，也对各景点的完整展现和游览区的规划建设造成了负面影响。鉴于这种情况，甲玛乡政府决定将甲玛乡赤康村38户村民房舍整体搬迁。

赤康村村民搬迁安居工程根据该村村民的原有房屋情况及每户人口数量等情况设计了4种户型，面积大则245平方米，小则60平方米。村民住宅大部分为两层楼房，也有少量一层住宅，墙体根据当地实际情况采用石块墙体，内部功能划分合理，经济实用，外观富有民族特色。本工程现已完成，村民已经入住，村民的居住环境有了较大的改善。

甲玛乡龙达村总体规划及景观设计鸟瞰图

甲玛乡龙达村原貌

甲玛乡龙达村新农村建设工程竣工后实景一

甲玛乡龙达村新农村建设工程竣工后实景二

甲玛乡赤康村安居工程竣工后实景一

甲玛乡赤康村安居工程竣工后实景二

甲玛乡赤康村安居工程竣工后实景三

12

拉萨中学 1988 届毕业 30 年纪念品设计

设计时间：2018 年
合作设计师：罗鹏，梅朵旺姆，王静
材质：石材

纪念品主题——校园记忆、中学时光。

纪念品整体以书卷为背景，体现校园学习氛围。由于拉萨中学紧邻世界文化遗产布达拉宫，因此在书卷背景上雕刻有布达拉宫浮雕剪影，以点明同学们在布达拉宫雄伟身影伴随下成长的记忆，也体现了地域特色。在书卷背景上还刻画有遍布校园各处的柳树枝，以概括的方式唤起大家对校园环境的回忆。

纪念品上雕有藏文 "扎西德勒"（吉祥如意），表达祝福之意并进一步体现地域特色。以上几部分以一条象征 30 年岁月之河又似飘动哈达的曲线连接为有机整体，以使纪念品内涵更加丰富。

纪念品实物

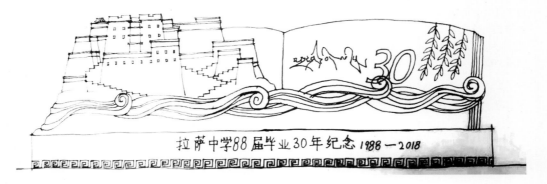

定稿设计图

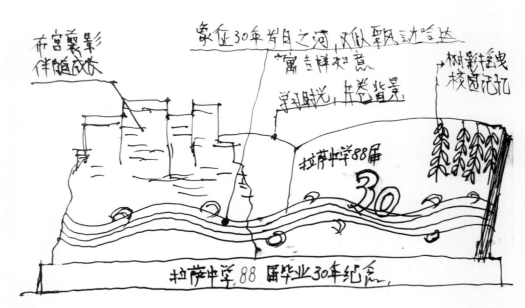

设计草图

13

拉萨市城关区更新项目

项目地点：西藏拉萨市城关区
设计时间：2022 年
建筑面积：522 平方米
合作建筑师：旦增洛央

　　该项目位于拉萨市老城区南部，周边建筑密集。原有建筑建于 20 世纪 80 年代，年久失修，需要拆除新建，场地除东面邻老城区的一条小巷，其余三面均紧贴相邻建筑。

　　更新建筑设计充分尊重拉萨市老城区的风貌特点，并严格按照拉萨市老城区保护及其他方面的相关规定和要求，外观上采用藏式风格，以与老城区风格相协调。

　　本项目在新建筑中设置了中庭以解决采光问题，中庭样式体现了业主机构的性质以及藏式庭院的空间特色。

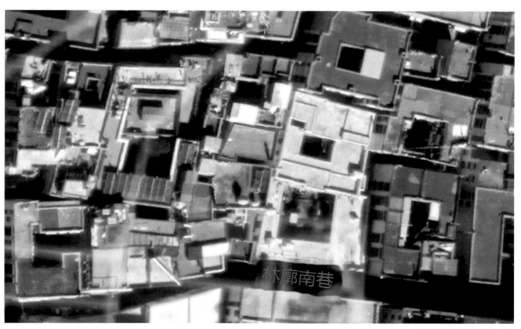

区位及项目周边环境

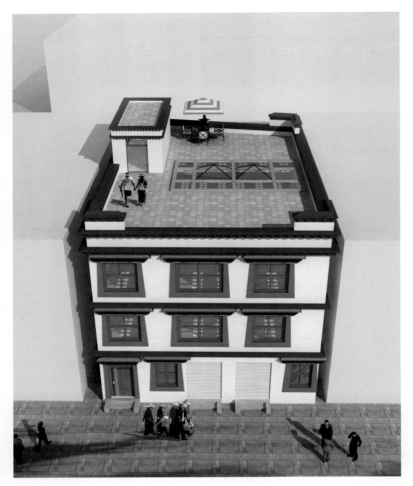

鸟瞰图

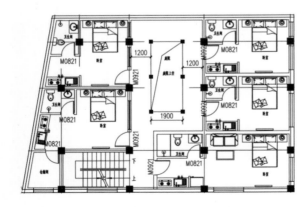

三层平面图

中庭透视图

二、日喀则地区

日喀则市为西藏自治区所辖的地级市，位于青藏高原西南部，西衔阿里地区，北靠那曲市，东邻拉萨市与山南市，南与尼泊尔、不丹、印度三国接壤。日喀则市南部及北部地势较高，其间为藏南高原和雅鲁藏布江流域，全市面积为 17.92 万平方千米。元至正二十年（1360 年），日喀则市始有建制，现全市辖 1 个市辖区和 17 个县。日喀则市平均海拔在 4000 米以上，市内的定日县有世界第一高峰——珠穆朗玛峰。桑珠孜宗堡和江孜古堡都是曾经的政教中心，市内有扎什伦布寺、白居寺、萨迦寺等一批著名寺庙，还有亚东口岸、樟木口岸和吉隆口岸，喜马拉雅山脉南麓六大名沟（亚东沟、陈塘沟、嘎玛沟、绒辖沟、樟木沟、吉隆沟）被称为"西藏小江南"。

日喀则市大致有 3 种区域性气候：喜马拉雅山脉以北和冈底斯—念青唐古拉山以南的地区属高原温带半干旱季风气候；冈底斯—念青唐古拉山以北的少部分地区属高原亚寒带季风半干旱、干旱气候；喜马拉雅山脉主脊线以南地区属高原温带季风半湿润气候。

[01]

西藏日喀则市特色步行商业街

项目地点：西藏自治区日喀则市
设计时间：2017 年
建筑面积：40746 平方米
合作建筑师：马祥，姚积明，
刘陈

该项目位于西藏自治区日喀则市中心，珠峰路与上海中路交叉口北侧，地理位置优越，地段历史文化内涵丰富。

1. 城市客厅：开放 + 活力

通过设置景观广场和庭院等多种公共空间，且凭借项目所处的优越位置，该商业步行街成为一个供市民和游客聚会、休闲、娱乐的场所，起到城市客厅的作用，也增加了商业价值。

2. 商业空间：传统 + 现代

该项目内设有餐厅、商店、超市、影院、娱乐空间等多样性的购物、体验、消费内容，构筑出丰富的商业空间。

区位图

3. 传统和现代的融合

该项目的设计充分尊重场地的历史文脉，通过现代设计手法，体现藏式建筑的气质和内涵。在造型设计上对日喀则市传统藏式建筑样式进行提炼和抽象，形成具有现代特色的新藏式建筑风格。在空间构成上将传统藏式院落精神和现代空间营造手法相结合，体现出地域性的空间特色。

建筑在形体组合上借鉴了传统藏式建筑的方式，并按照现代设计手法，通过展现当代的技术和材料，营造了丰富而统一的建筑形象。

4. 开放性和富有活力的场所氛围

通过庭院和交通等空间的相互连接、渗透及景观广场的设置，体现了场所的开放性。在各场所设计中，将空间设计和景观设置整合为统一的整体，构成了丰富且富有活力的场所空间和氛围。

5 景观设计

商业街区的景观布局以线性的步行系统为主，同时与大型公共空间、庭院及广场绿化相结合，形成人性化的现代购物空间。街区的空间景观轴线与城市景观相结合，形成城市景观视廊，同时将城市绿化引入街区，构成有机的形态。步行街属于在轴线上水平展开的空间，在步行轴线上选择若干节点，将空间局部放大形成小型广场，打破线性空间的单调，有节奏地营造出空间的高潮点，如南面四个入口广场、中心广场等。通过不同形式和气氛广场的设置，营造出丰富多变的外部空间。景观节点以景观意境为线索，按其所处位置及功能的不同设置两大景观区，它们既相互联系又各具特色。

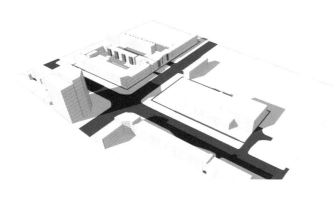

场地分析图

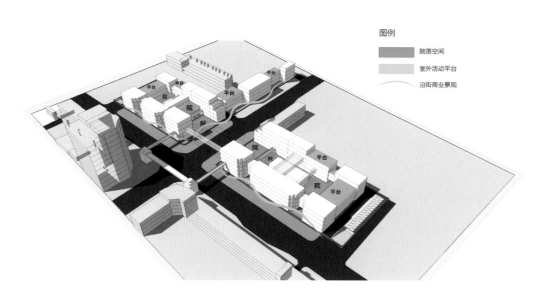

图例

院落空间
室外活动平台
沿街商业景观

空间构成

鸟瞰透视图

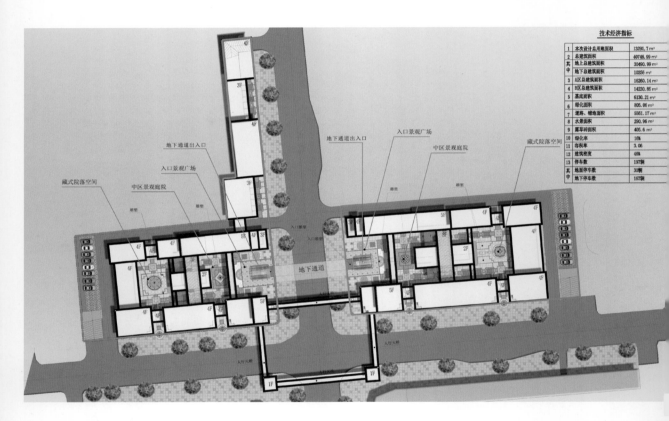

技术经济指标

1	本次设计总用地面积	13291.7 m²
2	总建筑面积	40745.99 m²
其中	地上总建筑面积	30490.99 m²
	地下总建筑面积	10256 m²
3	A区总建筑面积	16260.14 m²
4	B区总建筑面积	14230.85 m²
5	基底面积	6130.21 m²
6	绿化面积	805.06 m²
7	道路、铺地面积	5561.17 m²
8	水景面积	290.96 m²
9	露草砖面积	405.6 m²
10	绿化率	18%
11	容积率	3.06
12	建筑密度	48%
13	停车数	197辆
其中	地面停车数	30辆
	地下停车数	167辆

藏式院落空间　　中区景观庭院　　地下通道出入口　　入口景观广场　　地下通道出入口　　入口景观广场　　中区景观庭院　　藏式院落空间

地下通道

总平面图

沿街南立面图

沿街东立面图

局部鸟瞰透视图

沿街透视图一

沿街透视图二

庭院透视图

西藏日喀则市某酒店

项目地点：西藏日喀则市
设计时间：2014 年
建筑面积：21865 平方米
合作建筑师：李强

该项目位于日喀则市吉林路东侧，酒店功能齐全。

设计体现地域性现代酒店特色，通过对日喀则传统藏式建筑特点的提炼，并按照现代方式恰当运用，塑造日喀则当代酒店形象。

鸟瞰图

设计草图

二层平面图

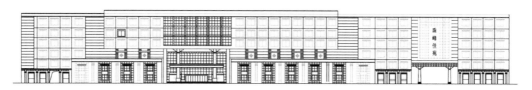

立面图

透视图

局部透视图

三、那曲地区

　　那曲市为西藏自治区下辖的地级市，位于西藏自治区北部的唐古拉山脉、念青唐古拉山脉和冈底斯山脉之间，青藏高原腹地，是长江、怒江、拉萨河、易贡藏布等大江大河的源头。那曲市平均海拔在 4500 米以上，中部属高原丘陵地形，西北部海拔较高，北部属唐古拉山区域，东部属高原山地，南部属藏北高原与藏东高山峡谷交会地带。那曲市下辖 1 个区和 10 个县，总面积为 35.3 万平方千米，是西藏自治区的"北大门"，是全国五大牧区的重要组成部分，素有"江河源""中华水塔"之称。那曲市属亚寒带气候区，高寒缺氧，其含氧量仅为海平面的一半，昼夜温差大，多大风天气。

西藏那曲市生态景观园

项目地点：西藏那曲市色尼区
设计时间：2012 年
建成时间：2013 年
规划面积：1.2 平方千米
合作建筑师：史家铭，任远中，
次仁桑珠，车鹏阳

项目场地位于藏北高原那曲市色尼区西南面，青藏公路东侧，在场地东侧有迎宾大道。该场地是从拉萨方向进入那曲市色尼区的必经之处，也是进入那曲市的重要观赏景观区。这里冬季长达近半年，而且基本上没有树木，场地原貌基本为草场，中南部有一座小山丘，并有河流从场地东北部穿过。

规划力争使该园区成为具有集会、文化展示、游览、健康休闲、娱乐等功能的综合性城镇公共开放空间，成为那曲市色尼区的客厅，也是色尼区标志性的节点空间。

（1）生态性：尽量保护和利用场地现有地形、地貌、河流及植被，并恢复场地中已被破坏的植被等。

（2）标志性：将该场所打造为展现那曲辽阔羌塘草原人文历史风貌的景观园。

（3）地域性：通过在该景观园内设置那曲地区象征物——雕塑广场及具有那曲地区特色的景观小品等，体现出那曲独特的文化和风光。

1. 新置景观和原有环境有机结合

在物质文明高度发展，生态环境却面临严峻形势的今天，不曾被污染并以原生态形式存在于世，拥有纯净厚朴的自然和人文环境的西藏被视为世界上最后一片净土。本规划力图使新置景观构筑物和原生态环境有机结合，景观设计注重与高原独特的地貌环境相匹配、和谐共生，有效利用原生态的自然条件，并赋予表现力度，贯穿那曲地区源远流长的文化背景和淳朴大气的民族天性。从整体环境氛围营造到细部景观节点设计，均以贴合母题的形式对这一理念进行齐整细致的展现。

2. 维护连续性，展现历史和发展的关系

社会的发展有其空间的连续性和内容的延续性，本规划场地位于那曲市色尼区南面，其连续性突出显示在其作为那曲市北向入口门面的一贯性上，规划上要与那曲市色尼区乃至那曲地区的历史文化有所联系及体现，同时也要展现出时代特色。

景观设计上以原有山顶观赏亭为中心，向四周分散布置，根据地形、地貌现状，均衡设置雕塑广场、平台、市民集会广场、下沉式露天小剧场、小桥等景观小品，做到各空间布置错落有致、有机分散。

中心景观区：在原有山丘周边布置有三个那曲象征物、雕塑广场及连接山顶与雕塑广场的连廊（飘动的哈达），还布置有张拉膜制作的"草原帐篷"等景观。

市民集会广场及露天小剧场设置在场地北边，设置了一个集会广场和一个下沉式露天小剧场，供市民及游客进行休闲娱乐活动时使用，以丰富人民的生活。

此外，结合场地及规划道路情况，规划在不同位置设置了小桥、栈道等景观小品，以构成丰富完整的景观序列。

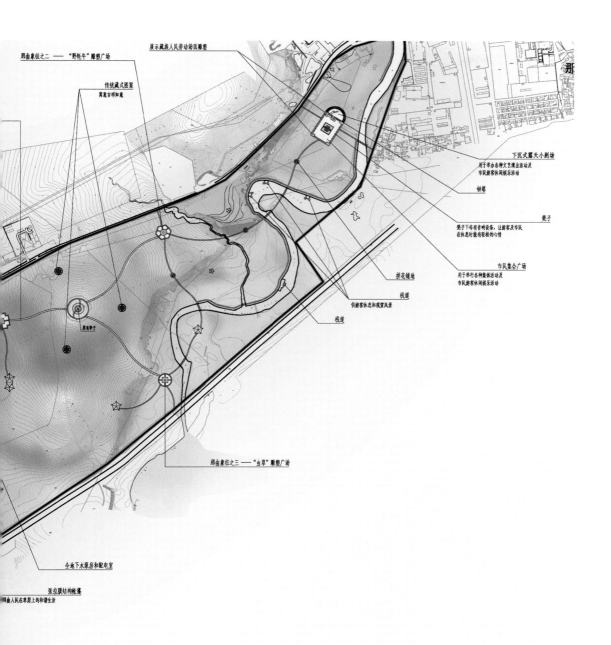

那曲象征之二 —— "野牦牛"雕塑广场

展示藏族人民劳动场面雕塑

传统藏式图案
寓意吉祥如意

下沉式露天小剧场
用于举办各种文艺演出活动及
市民游客休闲娱乐活动

钟塔

凳子

凳子下布有音响设备,让游客及市民
在休息时能有轻松的心情

市民集会广场
用于举行各种集体活动及
市民游客休闲娱乐活动

拼花铺地

栈道

供游客休息和观赏风景

栈道

那曲象征之三 —— "虫草"雕塑广场

半地下水泵房和配电室

张拉膜结构帐篷
那曲人民在草原上的和谐生活

规划总平面图

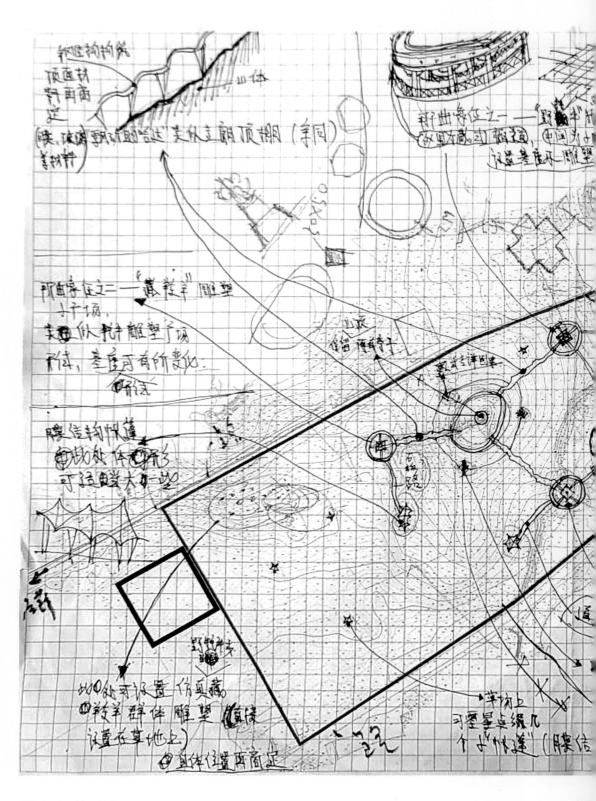

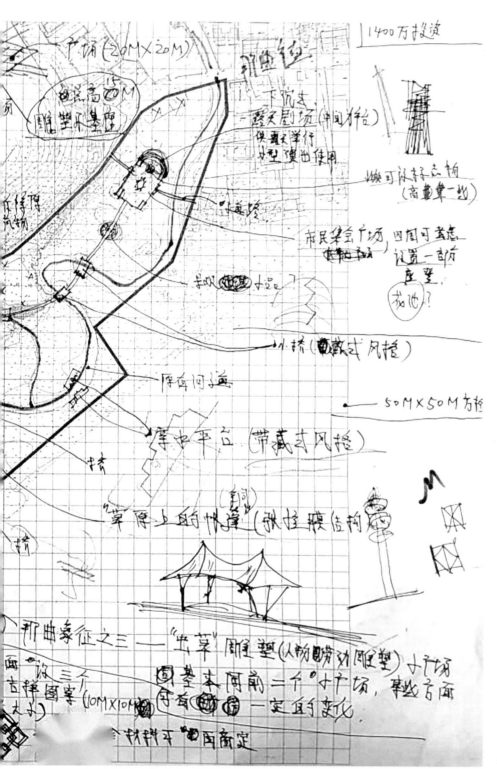

规划设计草图

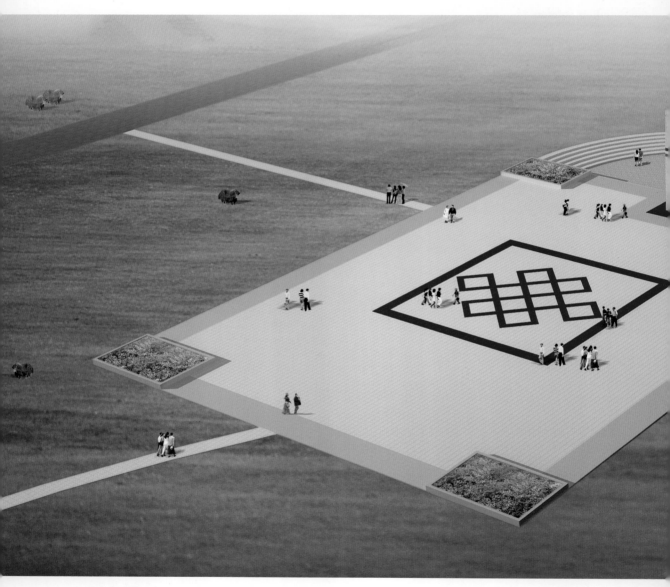

局部鸟瞰图

局部鸟瞰图

透视图：那曲象征之二——"野牦牛"雕塑广场

透视图：市民集会广场及下沉式露天小剧场

西藏那曲市公安局某支队
综合训练馆

项目地点：西藏那曲市
设计时间：2010 年
建成时间：2012 年
建筑面积：2157 平方米

本项目位于西藏那曲市，功能为体育训练的相关配套设施。

设计对传统藏式建筑样式进行简化提炼，形成沉稳的特色，并体现了富有力度的阳刚之气和职业特点。

建成实景图

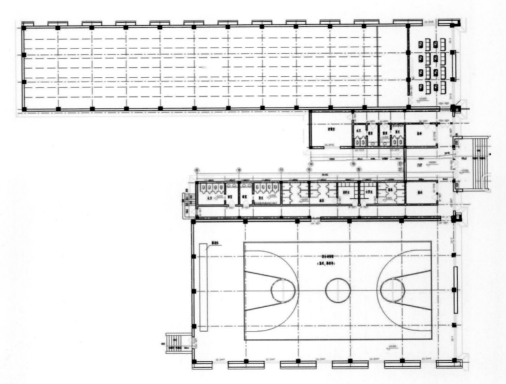

平面图

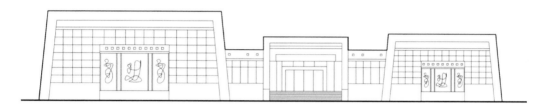

立面图一

立面图二

透视图

[03]

西藏那曲安多旅游服务中心

项目地点：西藏那曲市安多县
设计时间：2011 年
建筑面积：4047 平方米
合作建筑师：陈筠竺

本项目位于西藏那曲市安多县，功能为服务于游客的相关配套设施。

设计上以现代简约手法以及对当地材料的恰当使用体现藏式建筑稳重、质朴的气质。

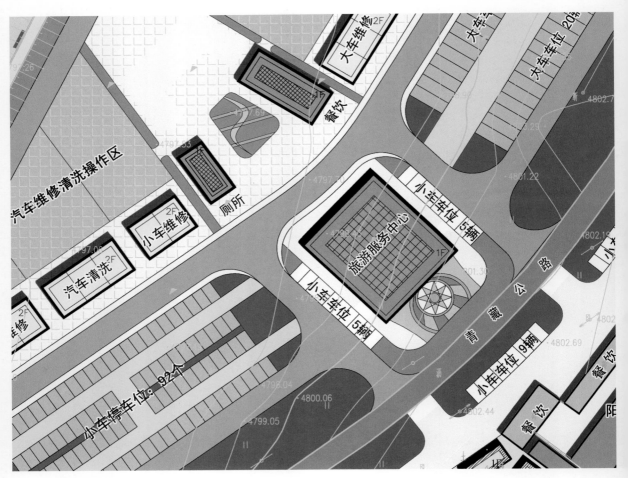

总平面图

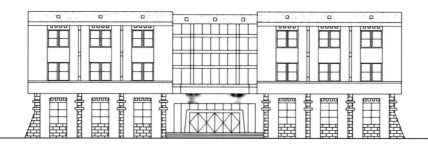

入口立面图

透视图

西藏那曲行署（现市政府）
综合业务楼

项目地点：西藏那曲市色尼区
设计时间：2012 年
建成时间：2014 年
建筑面积：15363 平方米
合作建筑师：李强，张中华

　　该项目为办公类型建筑，设计上结合地域特色，采用现代设计手法，体现出挺拔、庄重的政府建筑特色。但是由于各方面原因，建成后效果与原设计有较大区别。

透视图

立面图

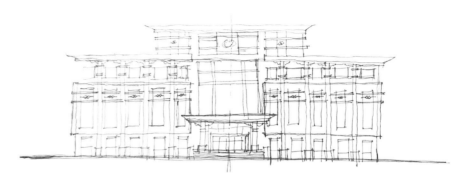

设计草图

建成实景图

四、林芝地区

　　林芝市为西藏自治区下辖地级市，古称"工布"，地处西藏东南部，素有"西藏江南""雪域明珠"等称号，总面积为 11.49 万平方千米，在西藏自治区内与拉萨、山南、那曲、昌都相邻，外与云南毗邻，边境与印度、缅甸接壤，平均海拔为 3100 米。林芝市下辖 1 个市辖区和 6 个县。林芝市属于中国水力资源富集区，水能理论蕴藏量达 1.43 亿千瓦，拥有广袤的原始林区，森林覆盖率达 47.6%，是世界生物多样性较为典型的地区。林芝是国际生态旅游区、全域旅游示范区和重要世界旅游目的地，拥有古老淳朴的工布文化和风格迥异的门珞民俗、僜人风情，拥有雅鲁藏布大峡谷、南迦巴瓦峰、巴松措等大批自然景观，拥有太昭古城、千年古堡群等历史古迹和易贡将军楼、波密红楼等红色遗迹。

　　林芝市南部邻近印度洋，总体上气候差异不大，水热条件好。市内气候类型丰富，以高原温带半湿润季风气候为主，且热带、亚热带、温带、亚寒带及寒带气候并存。林芝市垂直带谱完整，一些山体自下而上具有从山地热带到高山寒带等北半球上所有的气候带。

西藏林芝市城市商业综合体

项目地点：西藏林芝市巴宜区
设计时间：2022 年
建筑面积：64367 平方米
合作建筑师：马祥

本项目位于西藏林芝市巴宜区福建路农贸市场旧址，场地南侧为福建路，北侧为香港路步行街，该步行街是林芝市内较为成熟的商业街。项目场地原有建筑主要由农贸市场和商业步行街两部分组成，由于停车空间不足，出入口长期拥堵，影响市政交通，且场地内商铺形象老旧，整体风貌不佳。

为了改变项目区域的整体形象，设计对本项目的业态进行重新规划，主要规划有商业综合体、酒店、办公楼、农贸市场、住宅等业态。

本次设计把打造一处林芝市城市新名片的标志性建筑和城市中心商业空间，展现城市新貌并建立多元化复合业态和一站式购物体验的丰富城市公共空间，挖掘传统和地域文化，体现城市中心商业文化街区特色作为目标。

规划充分利用场地位于城市中心区的区位优势，并解决城市交通拥堵、公共空间不足的问题，同时也展现林芝市的新形象。总体布置上综合考虑项目场地区位、城市空间及景观和项目功能业态等多方面因素，着力营造一个布局科学合理、功能完善、空间丰富、景观优美且富有林芝市特色的城市中心商业空间，充分体现出公共性、开放性、整体性和适当的超前性。

西藏江南，山水林芝。林芝市自然环境优越、植被茂密、山清水秀、风景优美、特色鲜明，素有"西藏江南"之美誉，以独特优美的风光闻名于中外。

本项目位置显要，规模体量也较大。主楼位于城市主干道旁，对于城市风貌有较大的影响，是一处展现城市形象的标志性商业空间。为将本项目打造成为林芝市的城市新名片，充分体现林芝市特色，设计通过采用现代抽象设计手法，将流经林芝市的尼洋河形态片段和林芝市周边山脉形体局部融入建筑造型中，以体现林芝市青山绿水、风景优美、清秀灵动的特色。

　　同时本项目也通过对形体进行处理和适宜的色彩与材料的运用，以及对传统藏式建筑样式和工布建筑形态进行提炼和抽象处理运用，营造出具有鲜明的地域文化特色和时代感、体形丰富、造型新颖大气的林芝市标志性建筑，这将对林芝市城市形象的进一步提升作出积极贡献。

林芝市及周边山脉

流经林芝市的尼洋河形态

区位分析图

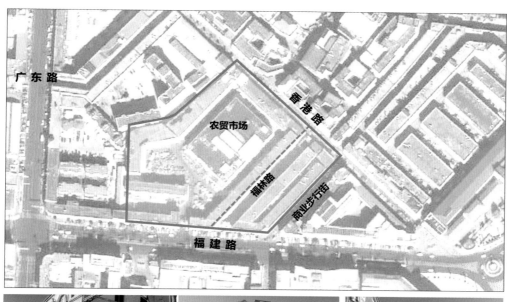

福建路农贸市场出入口

农贸市场

香港路

场地及周边原貌

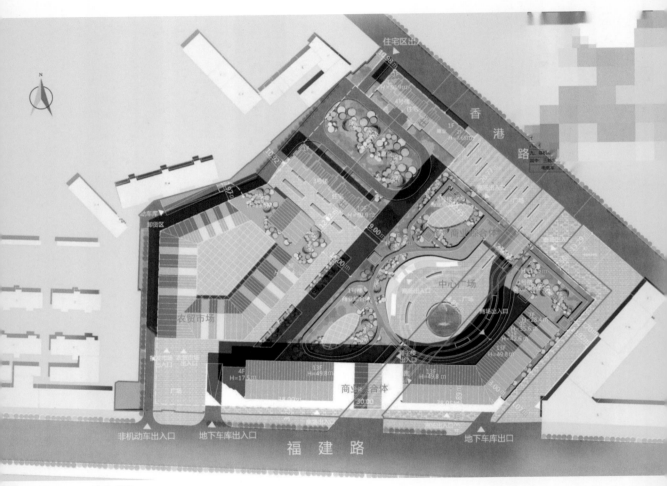

总平面图

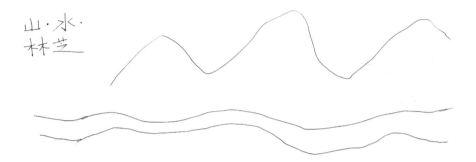

山·水·
林芝

设计意象草图

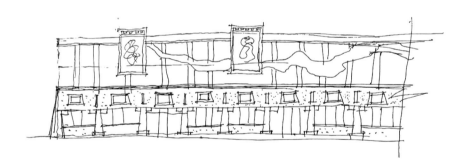

设计草图

鸟瞰图一

鸟瞰图二

透视图一

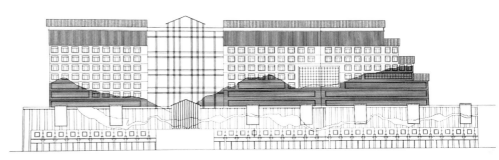

沿街全景立面图

沿街全景透视图

透视图二

中心广场透视图

局部透视图

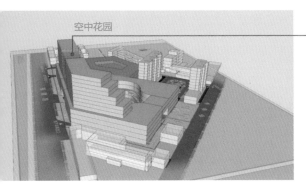
空中花园

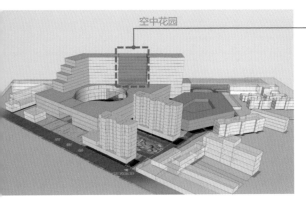
空中花园

空中花园意象示意图

西藏林芝市第三幼儿园

项目地点：西藏林芝市巴宜区
设计时间：2013 年
建筑面积：7862 平方米
合作建筑师：罗鹏

　　林芝市在西藏属于低海拔地区，风景优美、气候宜人，市区内树木繁茂。本项目在设计上以抽象化的树形为主题，寓意幼儿们犹如林芝市的树木一样茁壮成长，同时通过色彩的运用并结合对林芝市传统工布建筑特色的提炼运用，体现出幼儿建筑的活泼感和地域特色。

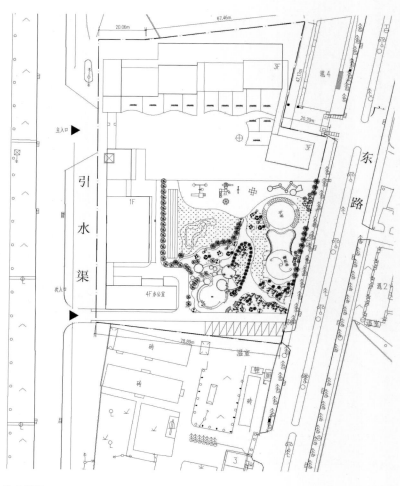

总平面图

鸟瞰图

设计草图

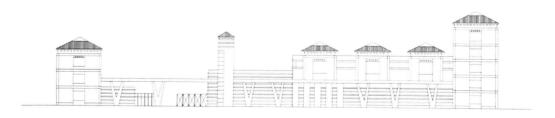

立面图

沿街透视图一

沿街透视图二

西藏墨脱工人疗养院

[03]

项目地点：西藏林芝市墨脱县城
设计时间：2015 年
建筑面积：10748 平方米
合作建筑师：罗鹏，梅朵旺姆，
阿旺卓玛

　　本项目位于西藏林芝市墨脱县墨脱新村以南。墨脱县位于西藏东南部，地处雅鲁藏布江下游，喜马拉雅山脉东段与岗日嘎布山脉的南坡，雅鲁藏布大峡谷主体段在该县境内。该县是青藏高原海拔最低、最温暖、雨量最充沛、生态保存最完好的地方。本项目所在区域平均海拔约 1200 米，该区域森林密布、环境优美，项目用地大部分为山地，地势由西北向东南逐渐升高。本疗养院是面向全自治区职工的休养基地。

透视图

整体设计采用园林式布局，充分考虑将建筑融入自然，尽量减少对原有树木、水体的破坏，建筑依山就势、错落有致，与山体和景观融为一体。建筑和景观环境设计都强调人与自然的和谐，营造景观丰富、环境优美、让疗养者身心放松的一处康养基地。

建筑形体丰富，造型结合藏式和墨脱当地建筑特色，并引入现代造型元素，形成精致的形象，体现地域性的康养建筑特色。

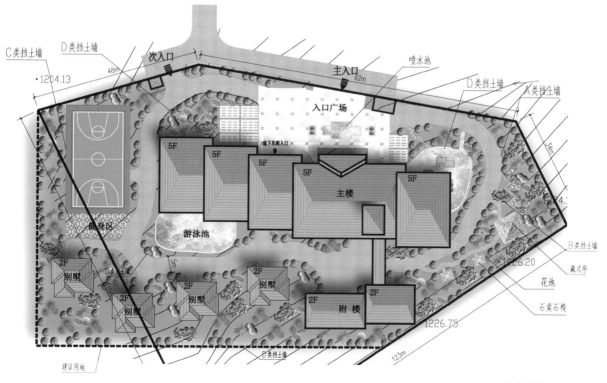

总平面图

鸟瞰透视图

设计草图

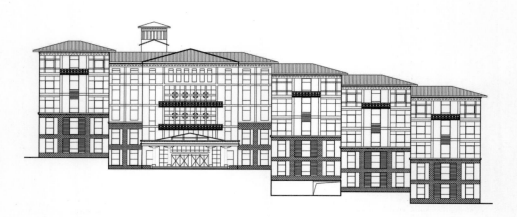

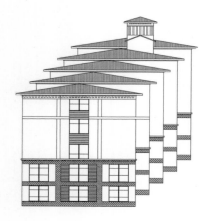

立面图

大门透视图

一层平面图

五、其他地区

项目名称：西部某市社区活动中心
设计时间：2005 年
建筑面积：2023 平方米
合作建筑师：叶剑锋

设计立足于场所感的营造，通过室内外空间的渗透、衔接等，体现出开放性及公共性，为社区居民提供了一个积极健康的活动场所，力求使其成为一个能吸引周边社区居民的公共空间，以丰富社区群众的业余生活。建筑造型上体现了现代特色和公共建筑特点。

鸟瞰图

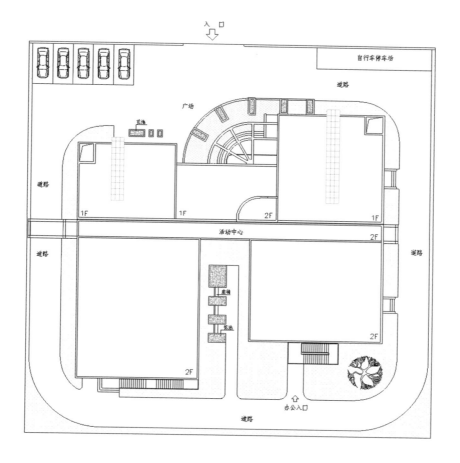

入 口

自行车停车场

道路

广场

花池

道路

1F

1F

2F

1F

活动中心

2F

道路

道路

滤池

花池

2F

2F

办公入口

道路

总平面图

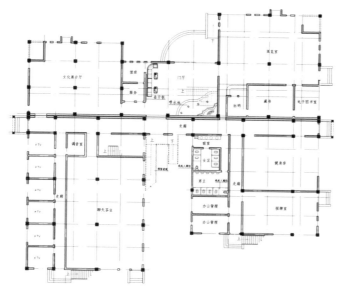

一层平面图

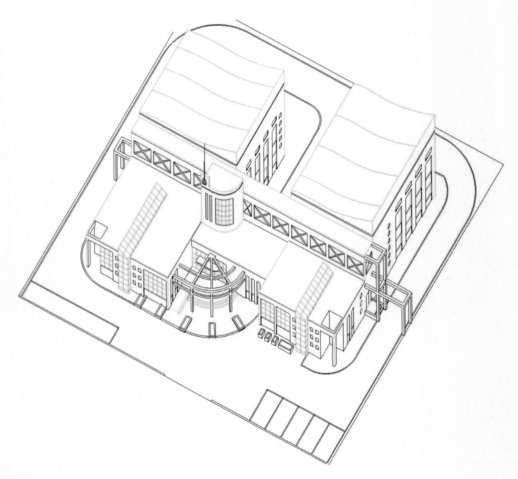

轴测图

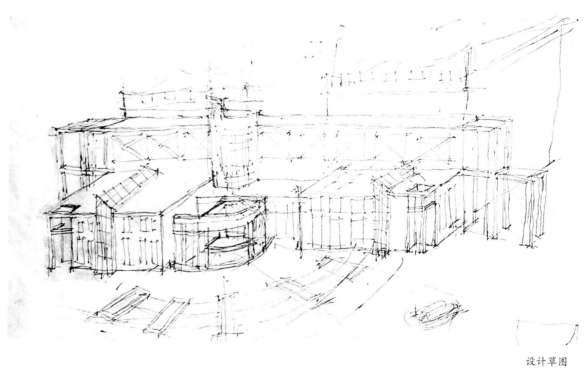

设计草图

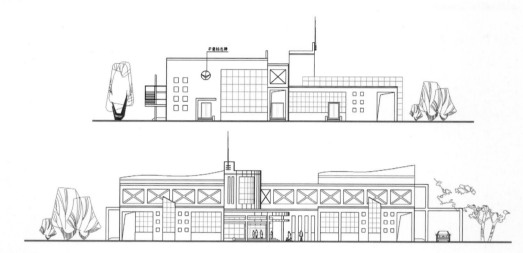

立面图一

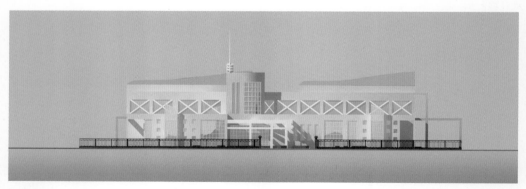

立面图二

第三章

设计草图

手绘设计草图是建筑师在设计构思等阶段探索和表达设计思路的一个重要方式，可以快速记录设计构思，提高沟通效率，具有比较高的灵活性。即使在计算机绘图等信息化技术高速发展的当今，手绘设计草图也具有不可替代的作用。这里选取了笔者在设计实例篇章中没有介绍的一些项目的设计草图和其他手绘图等进行展现。

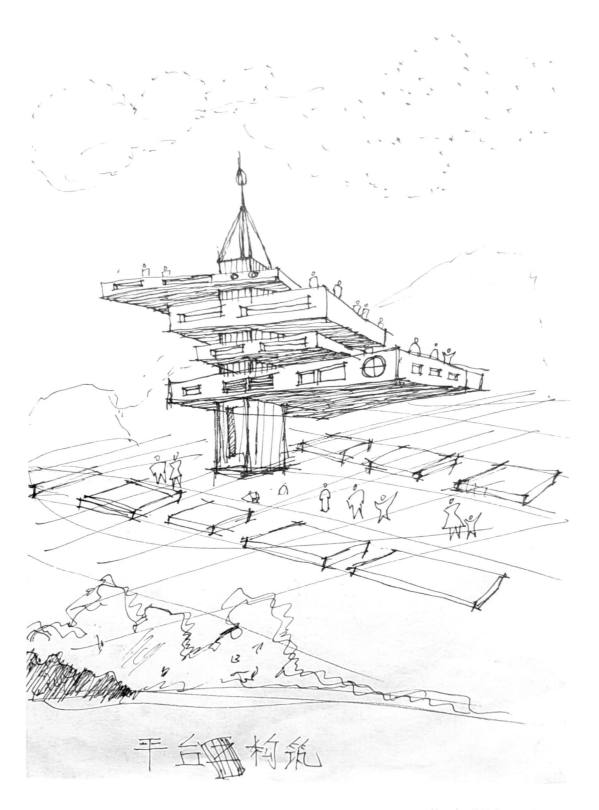

平台构筑

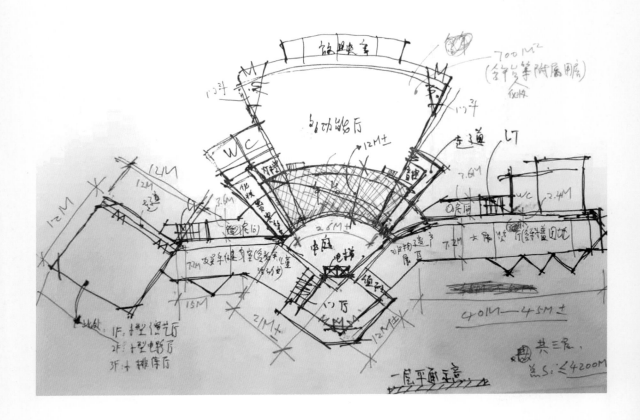

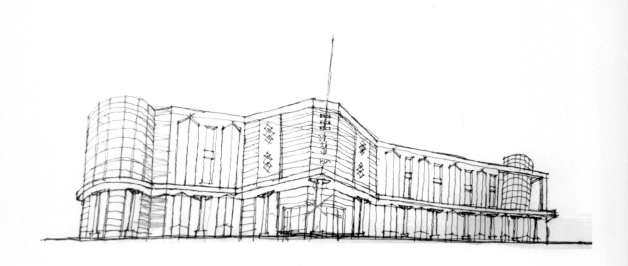

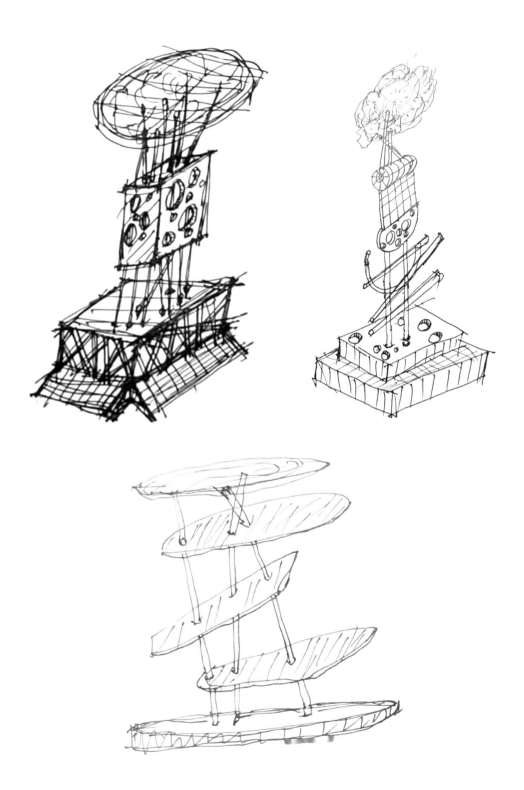

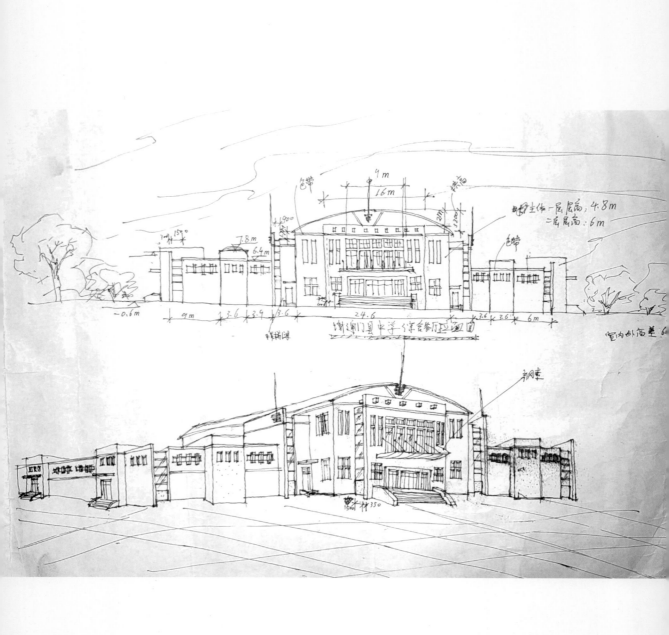

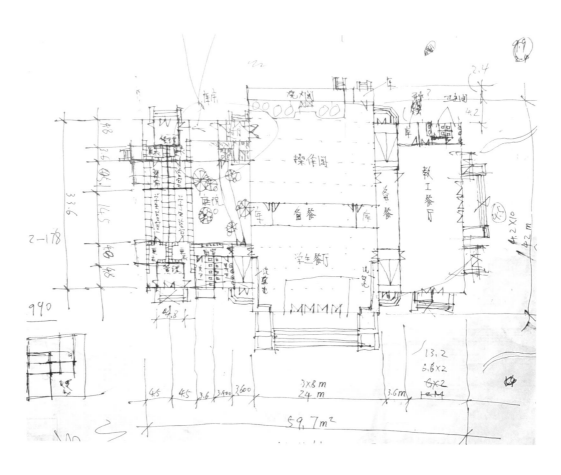

海风—— 椰林—— 波浪—— 假日.
主 是顶界变化

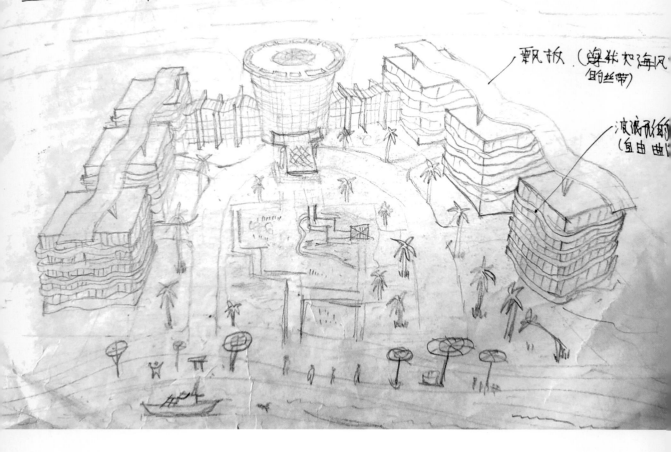

飘板（海状忆海风
（的丝带）

波浪形的
（自由曲

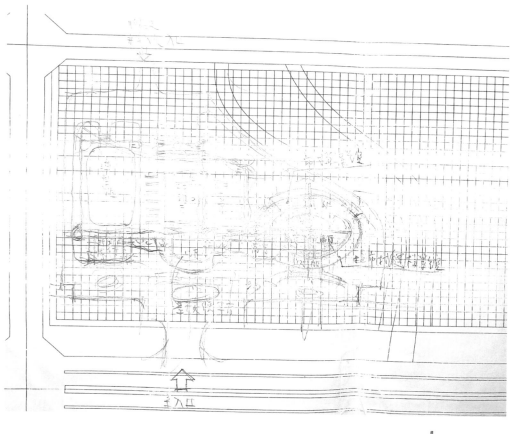

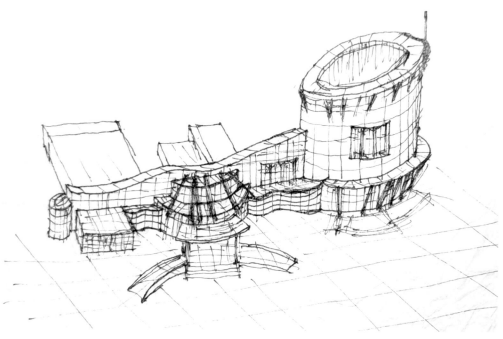

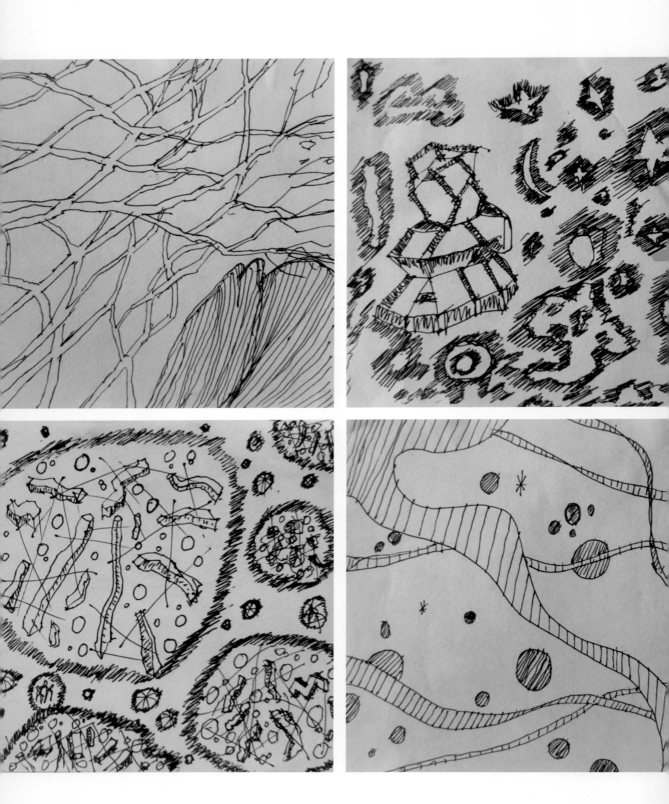

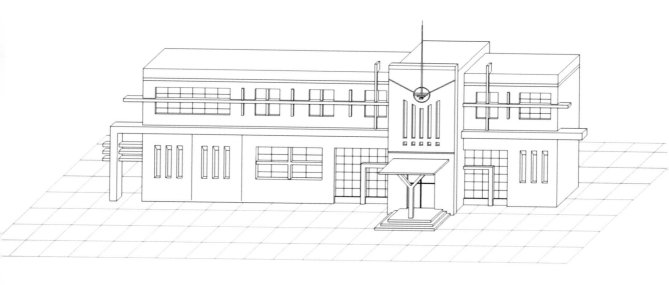

附录 文章

拉萨市城市公共空间现状及建议调研报告

公共空间是指城市或城市群中，在建筑实体之间存在的开放空间体，是城市居民进行公共交往、举行各种活动的开放性场所，其作用是为广大公众服务。城市公共空间主要包括山林、水系等自然环境，以及人工建造的公园、街道、广场、绿地、道路、停车场等，笔者主要调研的对象是后者。从根本上说，城市公共空间是市民开展社会活动的场所，是城市实质环境的精华、多元文化的载体和独特魅力的源泉。公共空间建设的整体质量直接影响到城市的综合竞争力和大众的满意度，因此，城市决策者、建设者和使用者无不对其给予特别关注。城市中最富有活力的地方就是城市公共空间。城市公共空间包括由城市中的建筑物、构筑物、树木、室外分隔墙等垂直界面和地面、水面等水平界面围合，由环境小品、使用元素等组合而成的城市空间。它们是从大自然中分隔出来的、具有一定限度的、为人们城市生活使用的空间。狭义的公共空间主要包括城市街道、广场、公园和绿地等；广义的公共空间扩展到公共设施用地的空间，如城市商业区、城市中心等。

总体而言，城市公共空间具有两个层面的内涵。

其一，从城市总体结构层次来看，城市公共空间是城市整体结构特色的灵魂。无论是传统马车时代的城市，还是近现代基于机动车交通的城市，城市公共空间在城市整体结构中的地位和作用都无可替代。城市公共空间不仅对于这座城市的空间景观和风貌特色具有重要意义，更重要的是让城市公共空间资源发挥了社会公平享用的作用，对城市社会公共生活品质的提升具有重要意义。

其二，从重要节点层次来看，城市公共空间的品质是其所在城市品质的重要体现。城市的历史和文化、社会生活的文明程度等，通过城市公共空间的物质环境来体现，让市民和游客感受到这座城市的特色和魅力。随着社会的发展和市民生活方式的转变，城市公共空间将逐渐成为周边居民交往的重要场所。

现代城市公共空间的实质是以人为主体的、促进社会生活事件发生的社会活动场所，同时是一个多层次、多含义、多功能的共生系统，往往集节庆、交往、流通、休息、观演、购物、健身、餐饮、文化、教育等功能于一体。它们是城市社会、经济、历史和文化诸多信息的物质载体，积淀了世世代代的物质财富和精神财富，它们不时地传达着所蕴含的高价值信息，是人们阅读城市、体验城市的首选场所。城市公共空间是人们社会生活的发生器和舞台，它们的形象和实质直接影响市民的心理和行为，城市的社会文化生活和社区的体育健身都离不开公共空间。城市公共空间还是城市形象建设的重点，是提高城市知名度和美誉度的"窗口"部位。

城市公共空间作为城市结构体系的重要组成部分，影响并支配着其他的城市空间。它使城市空间得以贯通与整合，维持并加强城市空间的整体性与连续性。因此，作为个体存在的城市公共空间，具有提供公共活动场所、有机组织城市空间和人的行为、构成城市景观、改善交通、维持并改善生态环境、生产、提供场所、提供审美感受以及促进城市有序发展、保留备用地等多种功能，这些功能共同构成了公共空间在城市中存在的意义。而高质量的公共空间要求具有社会性、识别性、舒适性、通达性、安全性、愉悦性、整体性、多样性、文化性、象征性和生态性的特点。

随着经济的发展、城市居民生活质量的提高、居民生活方式的变化，居民开始转向服务消费，对休闲、体育活动、旅游观光和娱乐活动的需求在不断增加，对城市的空间环境提出了新的要求。如随着人们生活的富足，对良好的生活环境和工作环境提出更高的要求；人们休闲时间的增加，使得休闲娱乐、旅游度假等活动增加，要求增加公共活动空间场所，提高公共空间环境质量；人们的预期寿命延长，对公共空间健身、休息和交流的需求增加；人们生活方式的改变及生态资源的稀缺，使得对绿色空间的追求增加，对历史文化、人性化的关注增强。这些必将推动城市公共空间的复兴，未来公共空间将向着人性化、自然化、立体化的方向发展。

从以上叙述中可以了解到，城市公共空间对于城市具有非常重要的意义，拉萨市作为西藏自治区的首府以及国家首批历史文化名城，应进一步加强对城市公共空间的规划和建设，以更好地满足广大人民群众的需求。

图例
历年规划用地
　1980 年
　1995 年
　2000 年
　2010 年
　2009-2020 年

比例尺
0 1 2 4 千米

拉萨市城区图

一、拉萨市城市公共空间现状分析

　　拉萨市是西藏自治区的首府，是国务院批复确定的中国具有雪域高原和民族特色的国际旅游城市。拉萨市平均海拔为 3650 米，地处中国西南地区，位于青藏高原中部、喜马拉雅山脉北侧、雅鲁藏布江支流拉萨河中游河谷平原，是西藏自治区的政治、经济、文化和交通中心。拉萨市城区包括城关区、堆龙德庆区、达孜区及拉萨国家级经济技术开发区、柳梧新区、文创园区三个功能园区。拉萨市以风光秀丽、历史悠久、文化灿烂、风俗民情独特、名胜古迹众多而闻名于世，吸引了国内外众多的游客前来观光游览，是国务院首批公布的 24 个历史文化名城之一。几十年来，在各级党委和政府的坚强领导及重视关心下，在援藏省市和相关部门的大力支持下，在全市各族人民的共同努力下，拉萨市在城市建设等方面取得了令人瞩目的成绩，城市环境面貌有了翻天覆地的变化，城市公共空间建设也取得了巨大的成效，人们的生活环境质量有了很大的提高。拉萨市现已进入现代化城市发展进程，建成区面积逐年扩大，人口逐年增加，各项基础设施不断完善和延伸，城市各项事业稳定和健康地发展。

（一）拉萨市城市公共空间现状简述

　　由于时间较紧，本次调研主要聚焦于拉萨市城关区等主城区的公园绿地、广场、街道等城市公共空间。

1. 拉萨市公园绿地情况

公园绿地是城市中向公众开放，以游憩为主要功能，有一定的游憩设施和服务设施，同时兼有生态维护、环境美化、减灾避难等综合作用的绿化用地。公园绿地是城市建设用地、城市绿地系统和城市市政公用设施的重要组成部分，是展示城市整体环境水平和居民生活质量的一项重要指标，其规模可大可小。

西藏和平解放前，拉萨市区有大小林卡（园林）79处，属贵族、领主和寺庙上层等避暑游玩的私家园林，平民无权享用。民主改革后，在党和政府的关心及支持下，特别是经过多年的发展，拉萨市城市公园及绿化事业有了巨大的发展。截至2021年，拉萨市建成区绿化面积达3268万平方米，公园及游园数量达120座，公园绿地面积为547万平方米，建成区绿地率为37.45%，建成区绿化覆盖率为39.72%，人均公园绿地面积为9.32平方米。公园绿地服务半径覆盖率超过《国家园林城市标准》规定的80%，达到82.6%。同时，各公园的服务设施、景观设置、植物配置等方面，注重实用性、舒适性、生态性，不仅给城市增添了更多绿意和情趣，还为市民提供了休闲健身的好去处。

2. 拉萨市各类型城市公共广场情况

城市广场是城市整体空间环境的一个重要组成部分，是城市居民的重要活动空间，反映了一个城市特有的景观风貌和文化内涵，是一种二维的围合空间和公共性的开放空间。城市广场是城市中具有公共性和富有活力的开放空间，因此常被誉为"城市的客厅"。

拉萨市现有和正在建设中的包括布达拉宫广场、大昭寺广场、罗布林卡广场、川藏青藏公路纪念碑广场、拉萨火车站广场等在内的城市公共广场共有33个左右，包括纪念性广场、民俗风情广场、市政广场、休憩游览广场、休憩观赏广场、滨河游憩广场、出入口标志广场等七种类型的城市公共广场。

纪念性广场：以纪念重大事件或具有标志性纪念意义的广场，包括布达拉宫广场、川藏青藏公路纪念碑广场。

民俗风情广场：以体现民俗风情为主题，展示拉萨市特有的民俗特色风貌和景观，包括大昭寺广场、罗布林卡广场、北城广场、朵森格广场。

市政广场：即人民广场，位于东城区市政府南侧。

休憩游览广场：以市民、游客日常休憩和游览功能为主，包括拉萨河北广场、新城中心广场、药王山广场、扎基广场、林廓广场、东城中心广场、东嘎广场、百淀广场。

休憩观赏广场：以市民、游客日常休憩和观赏功能为主，包括康昂广场、娘热广场、夺底广场、藏热广场、当热广场、哲蚌路广场、流沙河广场、拉青广场。

滨河游憩广场：位于拉萨河沿线，以开敞空间面向拉萨河，是河岸沿线重要的空间景观节点，包括藏热大桥广场、东一路广场、纳金广场、北岸广场、堆龙河广场、玻玛广场。

出入口标志广场：位于城市主要出入口，是展示城市形象的重要节点，包括拉贡广场、北门广场、川藏广场、青藏广场。

为使其中的一些城市广场可观赏到其他重要的城市景观，这些城市广场通过控制广场重要方向的视线廊道，使其成为方便观赏其他重要景观节点的城市公共空间。通过设置城市标识、环境小品、城市雕塑以及景观植栽等手段，增加广场空间的内涵，在历史城区体现传统文化，在新城区体现现代文化，展示拉萨市的城市形象和地域文化特色。

3. 拉萨市城市街道空间情况

简·雅各布斯说："当我们想到一个城市时，首先出现在脑海里的就是街道。街道有生气，城市也就有生气；街道沉闷，城市也就沉闷。"城市街道属于道路的一个类型，其连接了城市的建筑、环境设施、人民群众，是城市空间的重要组成要素。街道还是人们出行、公共交通、人际交往、娱乐的载体。古往今来，街道一直在为人们提供更多的服务，其连接了城市之中各个区域、人们之间的往来。在现代城市中，街道承载的功能更多，已经不仅仅是人们出行的道路，还是文化、娱乐、公共交往的场所。城市街道空间的构成主要是底界面、侧界面、顶界面和对景面，街道空间作为城市中分布最广的公共空间，是城市公共空间的重要组成部分，对城市形象影响巨大。街道空间作为一种线性空间，具有"动"与"续"的特质，在这类空间中活动的人们，在心理上总附有一种被驱动指引的感受，人们从一个路口走向另一个路口，这种空间的首尾延续，强化了人的行为和心理的连续性。从审美经验方面来说，街道空间两侧界面的连续性是人们易于接受的普遍形式之一，是经过审美经验的感知而得出的最终判断，因此，街道空间的形成有赖于对街道两侧建（构）筑物、植物，设施的面宽、质感等的控制。街道侧面连续性的控制包括对沿街建筑高度、贴线率、面宽比、屋顶轮廓线四个方面的控制。从安全需求方面来说，街道空间作为我们每天接触的空间，安全性尤为重要，连续而明确的街道侧面是使街道具有可识别性的最有利因素，也是街道安全的有力保证。

拉萨市各城区拥有众多的街道，限于篇幅，这里介绍几条最具代表性的街道。

八廓街：据传说"先有八廓街，再有拉萨城"，八廓街闻名于西藏和国内外。该街是一条围绕大昭寺建起来的环行街道，拉萨 1300 多年的历史被浓缩在了这条不足 2 千米长的古街里。

宇拓路：宇拓路修建于 20 世纪 60 年代初，是为西藏自治区成立而建设的第一批市政工程之一。宇拓路也是拉萨市第一条现代步行街，多年来它一直处于拉萨市商业的领先地位，拉萨市第一家百货商店、第一家理发店、第一家五金店、第一家副食品店等均位于宇拓路。

北京中路：北京中路的发展变化就是拉萨城市发展变化的一个缩影，北京中路连接着冲赛康市场、大昭寺、布达拉宫、西藏证券交易所、西藏人民会堂、拉萨饭店等场所，是一条连接历史和现代的街道。

北京东路：北京东路是拉萨民俗旅游的黄金道路。它沿着拉萨老城"八廓"而行，不同于北京中路上布达拉宫的神圣雄伟和广场的肃静庄严，也不同于北京西路崭新的拉萨新城，在这里可以看到最具代表的拉萨市民传统生活。

滨河路：南面邻拉萨河，北邻金珠路，空间开阔、环境优美，是拉萨市民和游客休憩游览的重要场所之一。

拉萨市还有许多各具特色的街道，如江苏路、民族路、鲁定路，以及柳梧新区、堆龙德庆区等城区的一些街道。

从以上介绍中可以了解到，拉萨市在党的领导下，经过几十年的发展，特别是近十几年的发展建设，在城市公共空间建设等方面取得了巨大的成就，已经形成了体系完备、层次分明、类型丰富、管理科学、富有特色的城市公共空间体系。但是随着广大市民对城市环境要求的日益提高，拉萨市城市公共空间也还存在一些有待进一步完善的方面。

（二）拉萨市城市公共空间有所不足的方面

为满足广大人民群众日益增长的对美好生活的向往和追求，拉萨市城市公共空间建设在以下几个方面还有待改进。

①个别类型公共空间总量还有所不足。例如在城市公园绿地方面，对照也位于青藏

高原的省会城市西宁市的绿化覆盖率 40.25% 和人均公园绿地面积 13 平方米，拉萨市公园绿地总量还有所不足。同时，拉萨市公共步行街道总量偏少，现在拉萨市在老城区外基本上仅有宇拓路为正规现代步行街，其他包括用于市民健身和文艺活动等性质的公共场所也有所不足。

②某些公共空间分布不够均匀。由于各方面原因，现在老城区周围的公园绿地、活动广场等公共空间较少。城市公共停车场等场所的分布在某种程度上也有一定的不均匀现象。

③个别公共空间环境品质有所不足且缺乏地域文化特色，一定程度上缺乏像城市雕塑及景观小品等城市公共艺术品，也缺乏城市公共艺术空间，存在个别街道布置较混乱，人行通道狭窄等问题。

④一些城市公共空间的利用效率不高，个别公共空间的建设没有充分考虑人们具体多样化的需要，公共空间在功能设施方面较为单一，对公众缺乏吸引力，从而导致空间资源的浪费。一些城市公共空间的分布与城市休闲需求的脱节，使得城市公共空间后续利用困难。此外，在新城区某些公共空间的建设上，对空间选址、空间尺度、空间设施和服务、空间同公共服务及设施的衔接、与市民休闲需求匹配等多个方面缺乏前期考量，为公共休闲空间的后续利用带来困难。此外，一些新建的城市公共空间由于距离市区或社区较远，公共交通不方便，停车位、公共卫生间等配套设施不齐全，对市民并没有形成很强的吸引力。

二、对于拉萨市推进城市公共空间建设的建议

1. 重视公平原则，完善城市公共空间的规划布局

以公共资源布局的公平原则为指导，从拉萨市城市整体层面上优化、完善城市公共空间的规划布局。一方面，城市规划和设计需要增加公共空间的整体数量；另一方面，需检验公共空间的分布是否相对均匀，避免在总体布局上出现不均衡的现象，尤其要增加人口密度高的区域的公共空间数量。拉萨市公共空间整体数量的增加，应与城市功能和居住社区的规模尺度相结合，从城市中心、社区中心和邻里单元等不同层次合理布局。

同时，利用拉萨市进行旧城更新改造的机会，通过植入城市公共空间的方法，提升中心区社会生活的环境品质。

2. 注重城市公共空间类型的多样化，服务不同社会人群

除了要重视城市区级公共空间合理的规划布局，以居住地人群为服务对象的社区级公共空间也应当受到重视。社区是住宅组团中的公共活动与交流场所，具有良好的可达性，可以很好地拉近人们彼此的距离，为社区居民户外活动提供机会。因此，拉萨市在今后城市公共空间的建设中，可以充分整合老旧小区和新建小区资源，尤其是在人口密度较大的区域，要注重将公共空间的建设融入城市社区。

同时拉萨城市公共空间的规划应避免严重的社会阶层隔离，既包括城市公共设施和服务，也包括城市公共活动场地的配置。拉萨市城市公共空间应当以多样化的设计来体现社会阶层多元化的需求，从而使得社会人群具有属于他们的活动空间场所，并实现不同人群之间的交往。

3. 注重人性化设计，对城市公共空间进行精细化管理

加强公共空间的无障碍通道建设，改进空间入口设计，增加空间的标识性和可达性，使市民和游客能方便快捷地进入空间内。加强公园与绿道、生态景观林带、城市道路绿带、河道水系等其他各类绿地和生态廊道的联系，改善步行环境，适当增加步行街数量，形成空间连通、体验连续的网络系统。提升城市公共交通服务水平，营造人性化的出行体验。打破公共空间的边界，创造"园在城中、城在园中"的园林城市建设模式，实现文化展馆与公园一体建设，打造融合游憩、运动、娱乐、教育、科技、文化、艺术等综合功能的公共空间。

4. 提升拉萨市城市公共空间的环境品质和地域文化特色，增强城市艺术氛围

城市公共空间不仅是自然空间，更是城市社会文化空间。拉萨市内众多的名胜古迹和现代城市建设成就既延续了城市文脉，又不断形成新的城市文化内涵。

要注重挖掘城市文化内涵，展示拉萨市的城市特质，将西藏和拉萨市地域文化特色融入城市公共空间的建设当中，这样有利于传承城市记忆，彰显城市文化特色。同时通过恰当设置城市公共雕塑和景观小品，设置城市公共艺术空间，以提高拉萨市的城市艺术氛围，使广大人民群众拥有优美的生活和休闲活动环境。

5. 推进城市公共空间建设的多元主体参与

城市公共空间公共性的提升应该是多元主体共同培育的结果，其参与主体应该包括政府部门、市场主体、公众、规划设计专家等多方力量。要加大拉萨市城市公共空间多元参与建设的力度，形成政府提供场所、市民参与决策、专家进行设计的格局。城市公共空间中的多元主体之间应相互促进、相互补充，共同搭建起完备的城市公共空间体系。

相信在各级党委和政府的坚强领导及重视关心下，在援藏省市和相关部门的大力支持下，在全市各族人民的共同努力下，拉萨市的城市公共空间建设必将取得更大的成就！

以上是本人对于拉萨市城市公共空间建设的一些分析和建议，不妥之处敬请各位领导、专家批评指正。

林芝市城市建设方面的建议

①明确林芝市的城市定位，建议可定位为高原园林（花园）城市，在规划上建议可适当降低建筑密度，同时增加园林绿地面积，以打造景观优美且舒适宜人的高原生态旅游城市，体现"西藏江南"的特色。规划方面建议可结合自身情况借鉴、参考国内如厦门市、珠海市等著名园林城市乃至国外此类优秀城市的规划设计方法和经验。

②建议提高城市人文气息，突出西藏文化及自身工布特色，挖掘城市历史内涵，增加城市文化设施（博物馆、文化馆等场所），形成有较浓厚文化氛围的城市环境。

③在城市建筑风貌方面，建议既要统一，又应有一定的变化，同时要体现出现代西藏工布建筑特色，这方面建议对工布地区传统藏式建筑风格进行梳理，并按照现代方式提炼形成具有适当灵活性的城市风貌导则，用以规范具体的建筑形式。

④建议加强城市设计工作，尽量做到使城市具有丰富的空间形态。

⑤在林芝市城市建筑高度控制方面，要在考虑城市天际线变化、景观、经济发展、各区域功能定位等综合因素的基础上，制定出林芝市建筑高度控制文件。

⑥建议进一步重视城市景观设施（城市公园及城市雕塑等景观小品）的规划设计和建设。

村容村貌换新颜，村民喜迁安居房

记我所参与的拉萨市墨竹工卡县甲玛乡社会主义新农村建设项目的经历

　　我自工作以来，设计过多种类型的建筑工程项目，但是有幸参与的甲玛乡新农村建设项目的设计过程，却给我留下了深刻的印象。

　　刚开始进行这项工作时，我并没有感受到过多的特别之处。记得是在 2008 年 6 月左右，设计院受墨竹工卡县政府委托，承接了这项工作，当时我所在设计一所的洛桑格来所长安排我作为该项目的设计主持人来负责这项工作。接到这项任务时，我还是比较开心的，因为墨竹工卡县甲玛乡在拉萨乃至西藏自治区全区，都是一个非常有特色的乡村，该乡是名扬四海的藏民族英雄松赞干布的出生地，也是我国著名爱国人士、全国政协原副主席阿沛·阿旺晋美的家乡。甲玛乡不仅有众多历史文化古迹分布在各村庄，还拥有丰富的矿产资源，我们决心要尽最大努力将这项光荣的任务圆满完成。

　　接下任务之后，设计团队立即奔赴甲玛乡项目建设现场，与墨竹工卡县及甲玛乡的主要领导及相关工作人员进行了深入沟通。他们高度重视此项工作，在他们的陪同下，我们实地踏勘了项目建设场地，县委领导嘱托我们一定要精心设计。在与各方深入沟通后，我们了解到这次工作的主要内容有三项：一是甲玛乡赤康村部分村民的搬迁安居工程项目设计；二是甲玛乡龙达村道路景观等基础设施规划设计；三是甲玛乡孜孜荣村前进组村民搬迁安居工程项目设计。在后期实施过程中，因各种原因，孜孜荣村前进组村民搬迁安居工程项目与我们的设计方案有很大的出入，故在这里我主要介绍前两项工作的情况。

一、安居工程改善村民居住条件

　　我们在现场踏勘时了解到，赤康村位于松赞干布出生地景区的核心部位，村中分布着很多景点，如当年西藏十三万户长驻锡地和霍尔康贵族庄园遗址等，且该村也是目前西藏唯一一个以"万户"命名的村庄。由于该村部分房舍位置对甲玛乡旅游业的发展有所影响，以及其他一些原因，甲玛乡党委政府决定将该村38户村民整体搬迁至一处环境较好且适宜建设的空地。

　　新农村安居工程是一项德政工程、民心工程，设计团队为了做好这项工作，一方面积极和甲玛乡各级领导及相关人员深入沟通，另一方面深入村民家中为大家介绍设计方案，并认真听取大家的意见和建议。记得有一次，我们在乡干部和村主任的带领下，带着笔记本电脑和投影仪来到了一户村民家中（当时感觉这户村民家采光不是太好，房舍也较陈旧），在村干部的招呼下，陆陆续续来了一屋子村民，等人到齐了，村主任先介绍了我们的来意，然后我们向大家介绍了设计方案。在介绍过程中，时不时有村民提出疑问，我们也给予了详细的解答。我们逐一记录了大家的意见和建议，也表示我们会尽最大努力满足大家的要求，听到这些，村民对我们的工作表示了满意。这次的经历是平常工作中很难遇到的，像这样深入村民家中与村民共同交流，给我留下了深刻的印象，同时也感受到了大家对我们的信任和期望，感觉肩负的责任更重了。

　　回到设计院，我们马上展开了方案的调整和优化工作。经过大家的不懈努力和反复修改，在后来的汇报中，方案得到了大家的一致认可。项目终于开工建设，在施工期间，我们也多次到现场了解项目实施情况，检查施工质量。在各方的积极努力下，该项目于2009年9月完工。在参加竣工验收时，看到整洁美观的新居舍及村民们露出的喜悦笑容，我们也终于舒了口气。

　　两年后，我们又对甲玛乡赤康村搬迁房现场做了回访。那天我们遇到了搬迁户贡觉啦，在了解到我们的来意后，贡觉啦热情地邀请我们到他家里，他为我们倒上了香喷喷的酥油茶，我们边喝边聊。在交谈中，我们了解到贡觉啦一家对新家很满意，他说："新家既宽敞亮堂又牢固，各种设施也齐全，比原来的住房不知好了多少！"说着贡觉啦脸上露出了开心的笑容，这也让我们觉得所有的努力和付出都是值得的！

二、提升基础设施水平，改善乡村环境

　　我们团队在初次抵达甲玛乡龙达村调研过程中看到的景象至今还历历在目。当时龙达村的道路基本上是不够平整的土路，一到下雨天，路上满是泥泞，路灯寥寥无几。龙达村沿318国道一侧的边界是裸露的土坡（龙达村地势比318国道路面高将近6～7米），

甲玛乡赤康村住宅竣工后现场照片一

甲玛乡赤康村安居工程竣工后现场面貌

甲玛乡赤康村住宅竣工后现场照片二

贡觉啦一家的新居舍

贡觉啦新居舍的细部

墨竹工卡县甲玛乡龙达村原貌

由此可见当时龙达村的基础设施还是有待完善的。

　　了解到这些情况，设计团队回院后立即开始了规划设计工作。根据龙达村的实际情况，我们经过多种方案比较及与甲玛乡及龙达村政府的多次沟通，反复优化修改，合理布置了道路系统、景观内容和配套设施，设计方案得到了大家的肯定。我还记得，当时我们为了使龙达村的村容村貌能够尽快得到改善，在设计过程中经常加班加点，有时甚至工作到凌晨两三点，但是没有一个工作人员叫苦，因为我们知道这一切能够使村民的生产、生活环境得到改善，也能使大家切实感受到党的好政策带来的实惠。

　　在工程竣工验收之时，我们再次来到了现场，当我们看到龙达村焕然一新的面貌，看到村民们脸上洋溢的笑容，感受到大家的付出终于有了收获。

　　在返回拉萨的路上，我回顾了这两项甲玛乡社会主义新农村建设工程的设计及建设过程，在此期间虽然经历了不少的困难，但感觉却还是比较欣慰的。

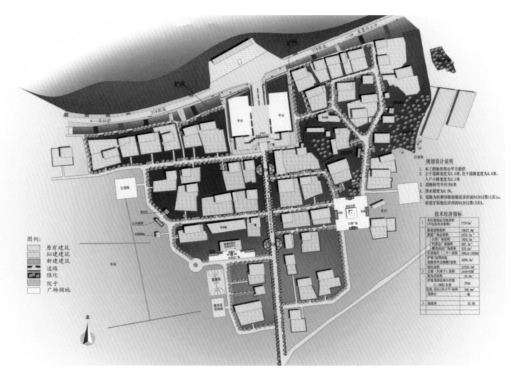

甲玛乡龙达村新农村建设总体规划图

甲玛乡龙达村新农村建设规划设计方案

甲玛乡龙达村新
农村建设工程实
施后的新面貌